MONIKA und ERHARD HIRMER

Gripsfit

5. und 6. Jahrgangsstufe

ISBN 978-3-89291-**729-8**

1. ERLEBNISSE erzählen
Meine häufigsten Fehler
Themen
Folienbilder
Regeln Erlebniserzählung
Vergleich von Erlebniserzählungen
Die Erlebnissprache
Bewertungsbogen Erlebniserzählung
Gedanken formulieren
Erzähle lebendig! (1)
Erzähle lebendig! (2)
Bereich Angst
Was zur Angstgeschichte gehört
Angstgeschichte: Walters unheimlicher Spaziergang
Wir untersuchen eine Angstgeschichte
Zu spät gekommen
Sprichwort: Wer anderen eine Grube gräbt
Sprichwort: Wenn die Katze aus dem Haus ist
Sprichwort: Der Krug

II. FANTASIEGESCHICHTEN erzählen
Themen
Regeln Fantasie-Erzählung
Fantasieren
E: Wie ich einen Flugzeugabsturz verhinderte
E: Stimme im Traum
EK: Walter erzählt: Meine mutige Tat
EK: Wir überquerten den Atlantik!
EK: Pfui Spinne!
EK: Ein lustiges Ferienerlebnis
RWG: Walter: Ich fing ein UFO
RWG: Über den Erzählplan zur Erzählung
FF: Mit der Zeitmaschine in die Vergangenheit
FF: Die Klasse reiste in die Steinzeit (Fortsetzungsgeschichte)
FF: Interview mit meiner Zahnbürste

III. LÜGENGESCHICHTEN erzählen
Themen
Regeln Lügengeschichte
1.Sorte: Münchhausen-Geschichte
Rettung im freien Fall
2.Sorte: Eulenspiegel-Geschichte
Wir machen's wie Eulenspiegel
Ich wollte Edelsteine aus Zucker herstellen
3.Sorte: IWD-Geschichte
Ich rettete Julius Caesar
Walter: Ich war dabei

Aufsatzarten 5./6. Klasse Band I
Nr. 598 88 Seiten **€ 17,90**

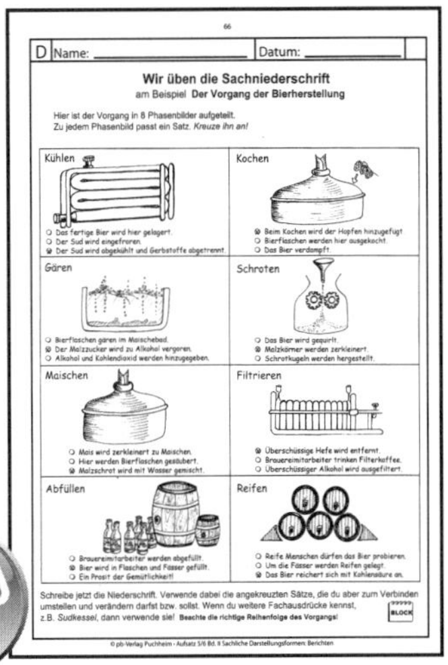

Botschaften übermitteln
Sprechende Bilder
Piktogramme erfinden
Ohne Worte
Körpersprache
Ich stelle mich vor
Referieren: Ich stelle eine Stadt vor
Meinungen äußern und begründen
Gründe dafür und dagegen

Berichten
Muster
Kurzberichte zum Stichwortzettel
Von Stichpunkten zum Bericht
Von der Erzählung zum Bericht
Von der Lageskizze zum Bericht
Unfallgeschehen aus der Sicht der Beteiligten
Vom Bericht zur Schilderung
Wir legen eine Sammlung an
Bilder, Skizzen, Fotostory
Wortschatz zum Bericht
Formulare

Praktische Darstellung
Briefe schreiben
Bastelbogen Briefumschlag
Briefe schreiben: Wem? Warum? Was?
Der Briefumschlag
So gestalten wir Briefe
Negativbeispiel
Aufbau von Privat- und Geschäftsbrief

Die Sachniederschrift
Verben und Fachausdrücke
Regeln
Beispiele:
- Die Bierherstellung
- Wozu brauchen wir ein Skelett?
- Die Menschen wurden sesshaft
- Der Steinzeitmensch als Ackerbauer
- Wasser trägt Berge ab
- Kurz- und Weitsichtigkeit
- Römer und Germanen: Aus Kampf wird Handel.
Sachverhalte in Stichpunkten wiedergeben

Aufsatzarten 5./6. Klasse Band II
Nr. 599 84 Seiten **€ 17,90**

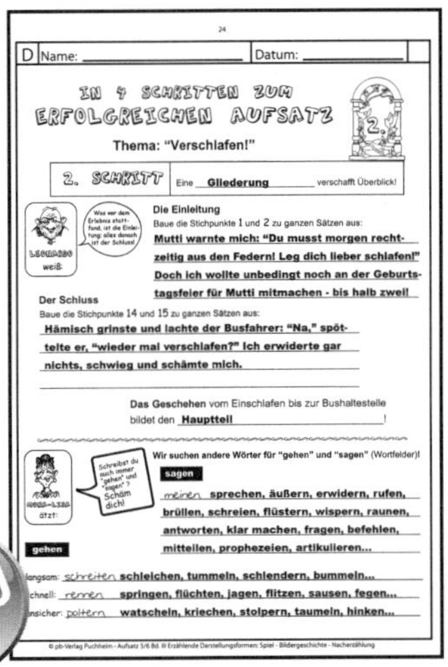

Spielend erzählen
Die Pantomime - Wir spielen ohne Worte
Rollenspiele
Telefonseelsorge (Otto Waalkes)
Operation im eigenen Heim
Spieltext: Der Schatz im Burgberg (Sage)
Jeder spielt eine Rolle
Scharaden
Reihe: In 4 Schritten zum erfolgreichen Aufsatz
• nachdenken
• gliedern
• schreiben
• überarbeiten
Kontrollblatt
Der Höhepunkt im Witz
Erzählen

Bildgeschichten - Bildergeschichten
Gedanken und Gefühle
Ausrufe und Gespräche
Titel und Überschriften
Regeln Bildgeschichte
Bildgeschichte: Er passte nicht auf!
Bildgeschichte: Ein Pulli fürs Fahrrad?
Bildgeschichte: Mir schmeckts!
Regeln Bildergeschichte
Bildergeschichte: Der Affe war los!
Bildergeschichte: Der Bauer und das Kalb (Wilhelm Busch)
Bildergeschichte: O Frau Tannenbaum
Bildergeschichte: Wenn zwei sich streiten
Bildergeschichte: Die Frau war zu lang!
Bildergeschichte und Spannungsbogen
Reihe: Walter, der tollpatschige Bandit
Fotostory 1: Der Einbruch, der ins Wasser fiel
Fotostory 2: Er wollte auch mal Bankräuber sein!
Fotostory 3: Das unheimliche Ding

Nacherzählen
Rotkäppchen: Nacherzählung?
Regeln Nacherzählung
Über die Inhaltsangabe zur Nacherzählung
Der Erzählkern bleibt erhalten
Nacherzählen ohne Sinnveränderung

Aufsatzarten 5./6. Klasse Band III
Nr. 665 84 Seiten **€ 17,90**

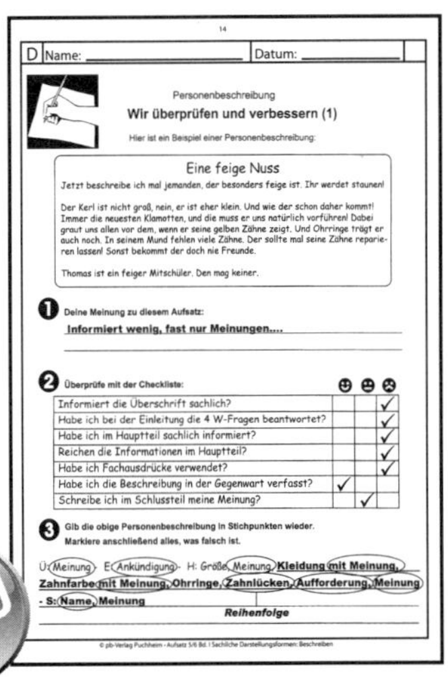

Beschreiben
Personen beschreiben
Wortsammlung
Checkliste
Steckbrief
Überprüfen und verbessern
Beschreibung oder Schilderung?
Wir beschreiben bekannte Persönlichkeiten
Adjektive sammeln
Gegenstände beschreiben
Fragebogen
Skizzen beschriften
Tipps: STAPF
Ablauf: Ich beschreibe einen Gegenstand
Fragen zum Gegenstand stellen
Rätsel: Was ist das?
Sprachübung: Adjektive, Verben, Fachausdrücke
Pflanzen beschreiben
Beispiel: Löwenzahn
Tiere beschreiben
Katze gesucht!
Steckbrief
Wir beschreiben den Hund
Vorgänge beschreiben
Fotoseite: Quirin spült ab
Rätselseite: Was ist beschrieben?
Personalform wechseln
Bilderseiten
Kochanweisung (Rezept)
Beispiel: Käsnockerl
Wir backen Weihnachtsplätzchen
Rezept: Sprachliche Vorbereitung
Wege beschreiben
Worauf es ankommt
Wege aus dem Labyrinth
Beispiel: Wegbeschreibung Regensburg
Bastelanleitung
Beispiele: Panflöte - Bumerang - Flugzeug - Übungsbeispiele

Aufsatzarten 5./6. Klasse Band IV
Nr. 666 82 Seiten **€ 17,90**

pb verlag **Stand der Preise 2009 - Bitte beachten Sie unsere aktuelle Preisliste!** pb verlag

VORWORT

Liebe Kollegin, lieber Kollege,

den Unterrichtsalltag muss man Ihnen nicht schildern, den kennen Sie bestens. Sollten Sie den Unterricht beginnen mit den Worten *Heute wollen wir....*, so können Sie sicher sein, dass nur *Sie* wollen - und vielleicht nicht einmal Sie ! Sicher, Sie motivieren Ihre Kinder mehrmals pro Stunde, doch *echte* Anstrengungsbereitschaft erleben Sie eher selten.

Überraschen Sie doch jetzt einmal Ihre Klasse mit **GRIPSFIT** - Blättern ! Sie werden selbst überrascht sein, mit welchem Eifer Ihre Kinder sprachliche und mathematische Stoffe angehen. Vielleicht werden Sie dabei sogar manche Schüler neu kennen lernen.
Besonders der schwächere Schüler soll Erfolgserlebnisse erfahren. Daher wurden bewusst ganz einfache Aufgaben in **GRIPSFIT** eingestreut. Zwischendurch kann der wirklich Intelligente sein Können an harten Nüssen beweisen.
Bringen Sie mit **GRIPSFIT** etwas Besonderes in Ihre Alltagsarbeit !

Viel Spaß mit diesem Heft !

P.S.: Steigen Sie selbst ein mit diesem Rebus :

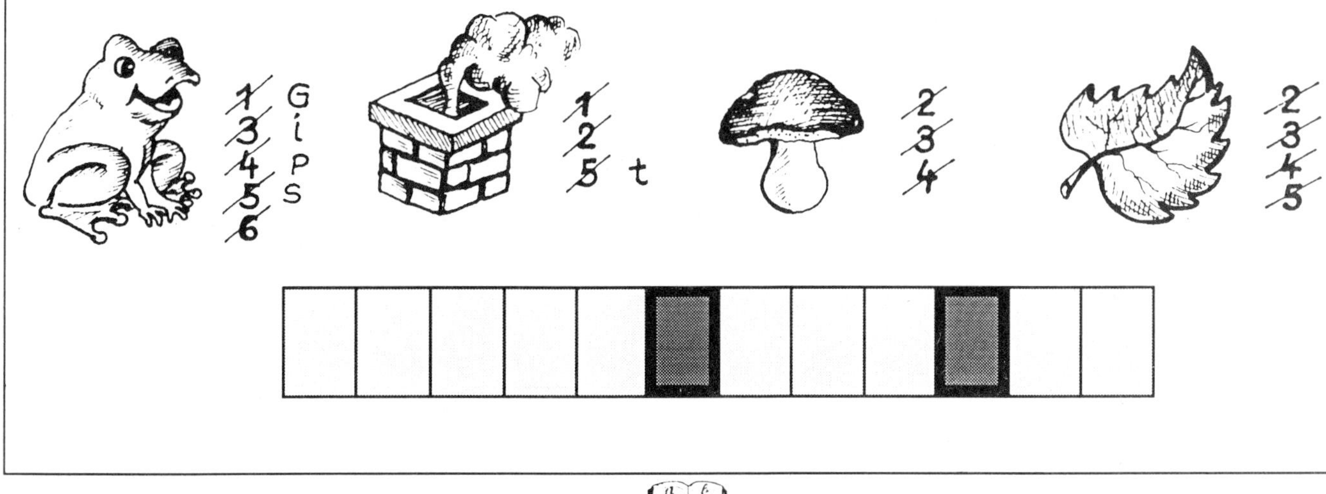

Schlauer als Luzigrips !

Luzigrips hat sich teuflische Aufgaben ausgedacht !
Auch dir gelingt es, ihn zu überlisten !
Denke über jede Aufgabe zuerst nach und
gib nicht zu früh auf.

Auf jeder Gripsseite findest du unten den Streifen mit den Lach- und Weingesichtern.

Bemale nach der Auflösung

- *so viele Lachgesichter*, wie du *richtige Lösungen* hast;
- so *viele Weingesichter*, wie du *falsche Lösungen* hast.

☺ ☺ ☺ ☺ ☹ ☹ ☹ ☹

Name:____________________ Datum:________________

GRIPSFIT 1

1. Kombinieren und Rechnen:

Wenn du alle Zahlen und Zeichen benutzt, erhältst du eine Rechnung mit dem Endergebnis 100 !

25 **6** **-** **:**

41 **·**

2 **2** **+**

2. Such !

Was stimmt auf diesem Bild alles nicht ?

3. Rechnen

Eine Schnecke nimmt sich vor, eine zwanzig Meter hohe Mauer hochzuklettern. Tagsüber klettert sie, nachts ruht sie sich aus. Jeden Tag schafft sie fünf Meter, nachts rutscht sie jedoch immer zwei Meter hinunter. Nach wie vielen Tagen ist sie oben angekommen ?

4. Teuflische Luzifrage zum Schluss:

Welche Vögel brüten keine Eier, obwohl sie selbst einmal aus ausgebrüteten Eiern geschlüpft sind ?

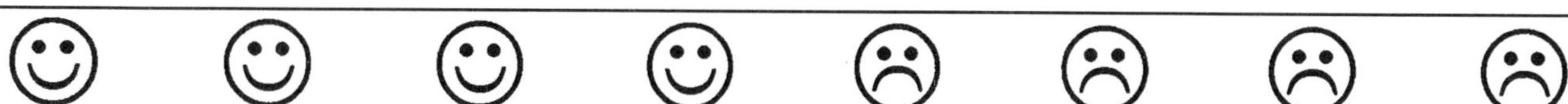

Name:__________________Datum:______________

GRIPSFIT 1 (Lösungen)

1. Kombinieren und Rechnen:

Wenn du alle Zahlen und Zeichen benutzt, erhältst du eine Rechnung mit dem Endergebnis 100 !

$$41 \cdot 6 : 2 - 25 + 2 = 100$$

2. Such !

Was stimmt auf diesem Bild alles nicht ?

* Palme mit Birnen
* Flugzeug mit Segeln
* Waschmaschine
* Schlittschuhe
* Badewanne
* Wetter
* Nachttisch
* Schneeschaufel
* Kaktus
* Indianerzelt auf Berg

3. Rechnen

Eine Schnecke nimmt sich vor, eine zwanzig Meter hohe Mauer hochzuklettern. Tagsüber klettert sie, nachts ruht sie sich aus. Jeden Tag schafft sie fünf Meter, nachts rutscht sie jedoch immer zwei Meter hinunter. Nach wie vielen Tagen ist sie oben angekommen ?

Am 6. Tag ist sie oben

4. Teuflische Luzifrage zum Schluss:

Welche Vögel brüten keine Eier, obwohl sie selbst einmal aus ausgebrüteten Eiern geschlüpft sind ?

Kuckucke

Name:____________________ Datum:______________

GRIPSFIT 2

1. Denken - und nicht zerbrechen !

Wie kann man diese acht Gläser so erreichen, dass bei diesen acht Gläsern links alle vollen und rechts alle leeren stehen? Hier der Haken: Es dürfen nur zwei Gläser angefasst werden, und es darf keine Lücke in der Gläserreihe entstehen!

2. Ein Krimi: Schlauer als Luzigrips !

Luzigrips kennt die Person, die sich ins Kino geschmuggelt hat, ohne dafür zu bezahlen. Dieser Frechdachs ist männlich, mag kein Popcorn, sieht sehr gut und hat Angst vor der Höhe. Er trägt keinen Hut und hat weder einen Bart noch einen Schnurrbart.Luzigrips verrät dir den Täter nicht. Finde ihn selbst !

3. Ein Wurm frisst sich durch !

Dieser Wurm da frisst sich durch das fünfbändige Lexikon mit jeweils 300 Seiten. Für 100 Seiten benötigt er fünf Stunden, für jeden Buchdeckel zwei Stunden. Nach wie vielen Stunden ist er durch ?

Name:__________________Datum:______________

GRIPSFIT 2 (Lösungen)

1. Denken - und nicht zerbrechen !

Wie kann man diese acht Gläser so erreichen, dass bei diesen acht Gläsern links alle vollen und rechts alle leeren stehen? Hier der Haken: Es dürfen nur zwei Gläser angefasst werden, und es darf keine Lücke in der Gläserreihe entstehen!

Inhalt der Gläser 5 und 7 in Gläser 2 und 4 gießen

2. Ein Krimi: Schlauer als Luzigrips !

Luzigrips kennt die Person, die sich ins Kino geschmuggelt hat, ohne dafür zu bezahlen. Dieser Frechdachs ist männlich, mag kein Popcorn, sieht sehr gut und hat Angst vor der Höhe. Er trägt keinen Hut und hat weder einen Bart noch einen Schnurrbart.Luzigrips verrät dir den Täter nicht. Finde ihn selbst !

3. Ein Wurm frisst sich durch !

Dieser Wurm da frisst sich durch das fünfbändige Lexion mit jeweils 300 Seiten. Für 100 Seiten benötigt er fünf Stunden, für jeden Buchdeckel zwei Stunden. Nach wie vielen Stunden ist er durch ?

10 mal 2 plus 15 mal 5 = 95 Stunden

Name:____________________ Datum:______________

GRIPSFIT 3

1. Logo !

Luzigrips steht zwischen Mark und Toni. Klaus steht vor Christoph. Johannes steht entweder am Anfang oder am Ende der Schlange. Andreas steht hinter Mark und vor Peter. Sven steht vor Toni.
Wer steht wo ?

2. Denken und rechnen

Aus den fünf Dreien soll eine Rechenaufgabe gemacht werden, deren Ergebnis 100 ist. Du darfst die vier Rechenzeichen (plus, minus, mal, geteilt) verwenden.

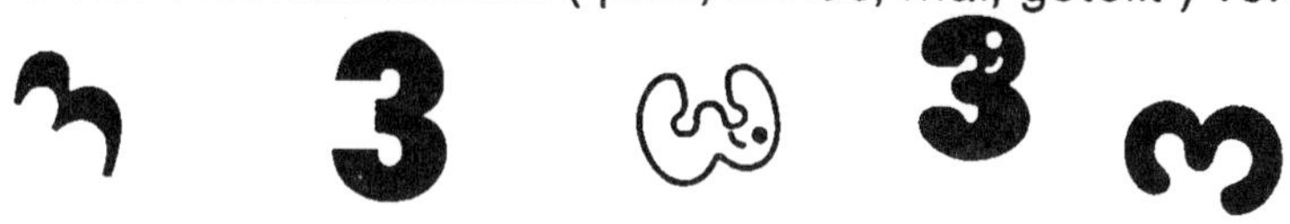

3. Wörter: Immer zwei !

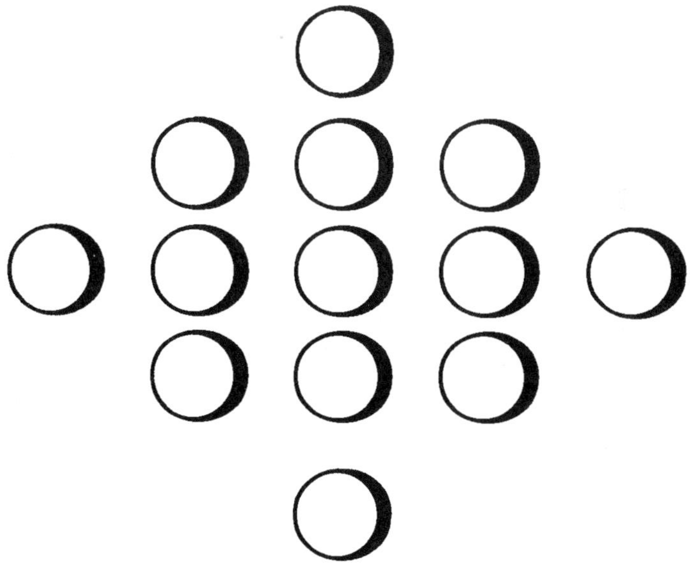

In die Kreise trägst du jeweils zweimal (einmal waagerecht, einmal senkrecht) drei Wörter ein:
1 Ein weibliches Säugetier,
2 eine Verwandte von dir,
3 einen Mädchennamen.

4. Ungläubiger Luzigrips !

Durch Umstellen aller Buchstaben auf dieser Visitenkarte erfährst du, an wen Luzigrips nicht glaubt .

Hans Mancht
Wien

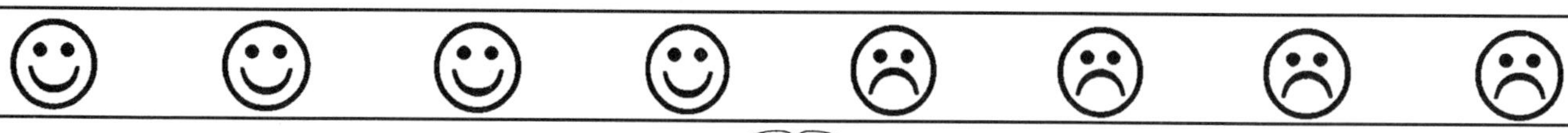

Name:______________________ Datum:__________________

GRIPSFIT 3 (Lösungen)

1. Logo !

Luzigrips steht zwischen Mark und Toni. Klaus steht vor Christoph. Johannes steht entweder am Anfang oder am Ende der Schlange. Andreas steht hinter Mark und vor Peter. Sven steht vor Toni. Wer steht wo ?

1. Sven
2. Toni
3. Luzigrips
4. Mark
5. Andreas
6. Peter
7. Klaus
8. Christoph
9. Johannes

2. Denken und rechnen

Aus den fünf Dreien soll eine Rechenaufgabe gemacht werden, deren Ergebnis 100 ist. Du darfst die vier Rechenzeichen (plus, minus, mal, geteilt) verwenden.

$$3 \cdot 33 + 3 : 3 = 100$$

3. Wörter: Immer zwei !

In die Kreise trägst du jeweils zweimal (einmal waagerecht, einmal senkrecht) drei Wörter ein:
1 Ein weibliches Säugetier,
2 eine Verwandte von dir,
3 einen Mädchennamen.

		T		
	S	A	U	
T	A	N	T	E
	U	T	E	
		E		

4. Ungläubiger Luzigrips !

Durch Umstellen aller Buchstaben auf dieser Visitenkarte erfährst du, an wen Luzigrips nicht glaubt .

**Weihnachts-
mann**

Name:____________________ Datum:______________

GRIPSFIT 4

1. Ein Krimi: Schlauer als Luzigrips !

Luzigrips treibt sich auf dem Spielplatz herum. Er hat ein Kind beobachtet, das einem anderen die Geldbörse gestohlen hat. Der Dieb hat keine Brille, trägt kein gestreiftes T-Shirt. Vor der Höhe hat er Angst, weint nie und wird nicht von einem Erwachsenen begleitet. Luzigrips verrät dir den Täter nicht. Finde ihn selbst !

2. Mit Luzigrips auf Wanderschaft

Nebenan siehst du den Verlauf eines Flusses abgebildet. Von links fließen zwei Bäche zusammen, bilden eine Insel und setzen sich als Fluss nach rechts fort. Neun Brücken wurden über das Gewässer gebaut. Geh mit Luzigrips auf Wanderschaft, überquere dabei alle neun Brükken, jede aber nur einmal !

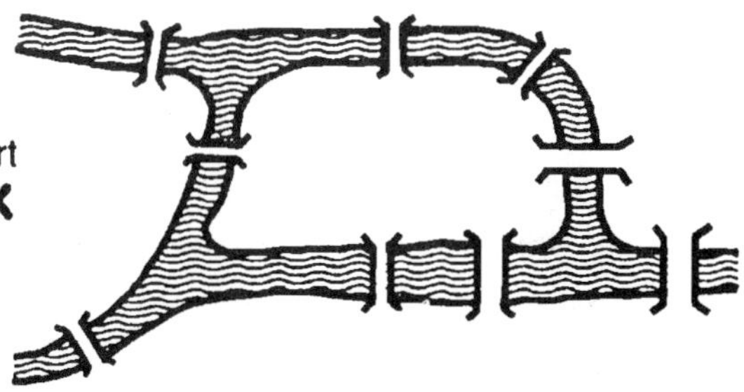

3. Happy Birthday !

Zerlege den Kuchen mit nur drei Schnitten in acht gleiche Teile !

4. Kurz und teuflisch !

Wie kann man das schwarze Kästchen aus der Mitte entfernen, ohne es anzufassen oder sonstwie zu bewegen ?

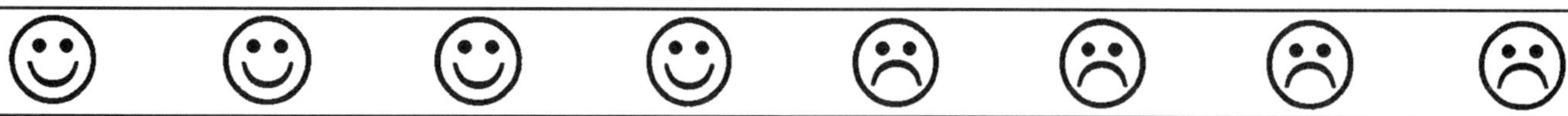

Name:____________________Datum:________________

GRIPSFIT 4 (Lösungen)

1. Ein Krimi: Schlauer als Luzigrips !

Luzigrips treibt sich auf dem Spielplatz herum. Er hat ein Kind beobachtet, das einem anderen die Geldbörse gestohlen hat. Der Dieb hat keine Brille, trägt kein gestreiftes T-Shirt. Vor der Höhe hat er Angst, weint nie und wird nicht von einem Erwachsenen begleitet. Luzigrips verrät dir den Täter nicht. Finde ihn selbst !

2. Mit Luzigrips auf Wanderschaft

Nebenan siehst du den Verlauf eines Flusses abgebildet. Von links fließen zwei Bäche zusammen, bilden eine Insel und setzen sich als Fluss nach rechts fort. Neun Brücken wurden über das Gewässer gebaut. Geh mit Luzigrips auf Wanderschaft, überquere dabei alle neun Brükken, jede aber nur einmal !

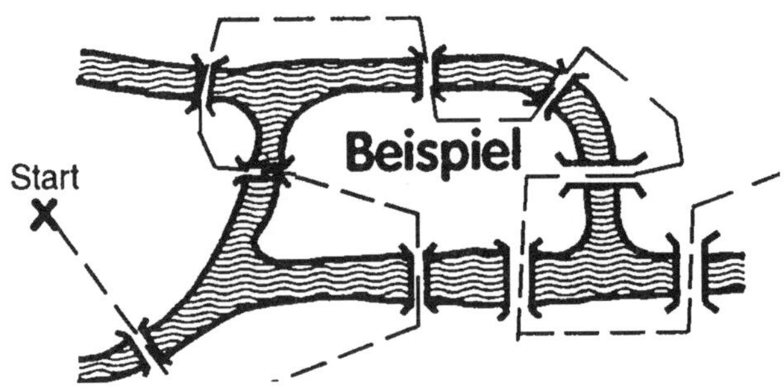

3. Happy Birthday !

Zerlege den Kuchen mit nur drei Schnitten in acht gleiche Teile !

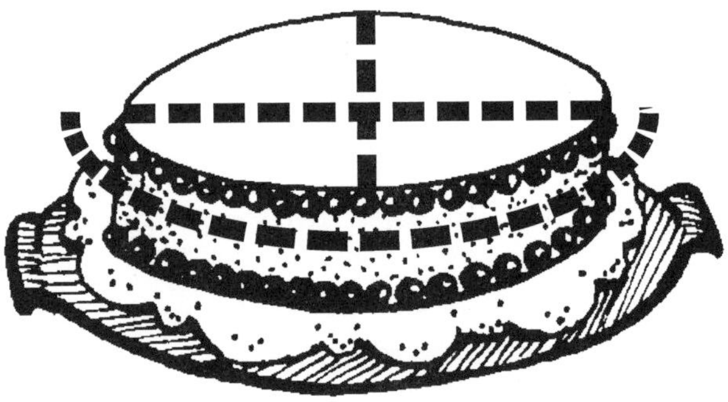

4. Kurz und teuflisch !

Wie kann man das schwarze Kästchen aus der Mitte entfernen, ohne es anzufassen oder sonstwie zu bewegen ?

Name:____________________ Datum:______________

GRIPSFIT 5

1. Hilf Luzigrips auf den Weg !

Wo ist der kürzeste Weg für Luzigrips ?

2. Aus Mist wird Haus

In jeder Zeile muss ein Buchstabe verändert werden, aber so, dass jedesmal ein sinnvolles Wort entsteht !

Mist	Bart	hart
Haus	Hose	doof

3. Spiel mit Zahlen

Die Zahlen sollen so in die Kästchen geordnet werden, dass sowohl waagerecht, senkrecht wie auch diagonal das Ergebnis 15 ist.

5 6 4 2 1 9 7 3 8

4. Minirätsel

Wie kann man
8 mal die Vier so aufschreiben, dass sich die Summe 500 ergibt ?

Name:____________________Datum:_______________

GRIPSFIT 5
(Lösungen)

1. Hilf Luzigrips auf den Weg !

Wo ist der kürzeste Weg für Luzigrips ?

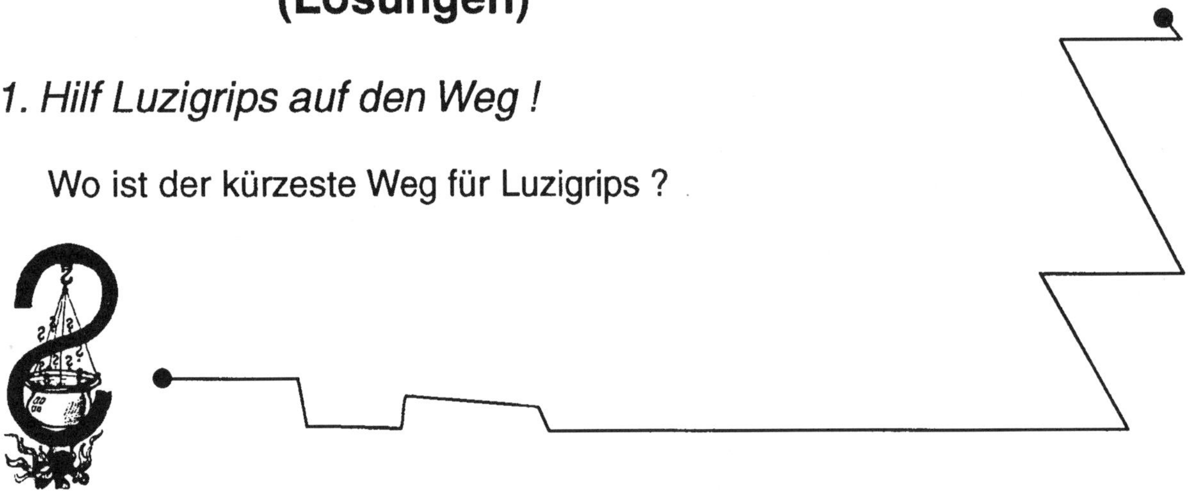

2. Aus Mist wird Haus

In jeder Zeile muss ein Buchstabe verändert werden, aber so, dass jedesmal ein sinnvolles Wort entsteht !

Mist	Bart	hart
Mast	Bast	Hort
Hast	Hast	dort
Haut	Hase	Dorf
Haus	Hose	doof

3. Spiel mit Zahlen

Die Zahlen sollen so in die Kästchen geordnet werden, dass sowohl waagerecht, senkrecht wie auch diagonal das Ergebnis 15 ist.

5 6 4 2 1 9 7 3 8

6	1	8
7	5	3
2	9	4

4. Minirätsel

444 + 44 + 4 + 4 + 4

Name:____________________ Datum:______________

GRIPSFIT 6

1. Lustiges Balkenschieben

Diese Balken sind so zu verlegen, dass du waagrecht Reihe für Reihe ein Sprichwort lesen kannst.

1	2	3	4	5
DE	SI	LE	RF	IS
GE	ER	TI	HA	MM
ET	UN	SZ	WA	UT

2. Wer sagt was ?

- ❍ Halt, du Dieb !
- ❍ Wo sind denn die Tomaten ?
- ❍ Auf Wiedersehen !
- ❍ Das Einräumen ist kein Vergnügen !
- ❍ Guten Tag, Frau Kittinger ! Wie geht´s denn immer ?
- ❍ Sind die billig !
- ❍ Das macht 2 Mark 65, bitteschön.

3. Da raucht der Kopf !

Welche Zahlen musst du für die Buchstaben im Quadrat einsetzen, wenn Folgendes bekannt ist:

J ist die Hälfte von **K**,
K ist die Summe von **L** und 9,
L ist die Differenz von **M** und 14,
M ist das Dreifache von 5,
die Summe von **J** und **N** ist 25 ?

J		K
	L	
M		N

4. Ganz kurz:

Wie oft kannst du 1 Keks von 100 Keksen wegnehmen ?

☺ ☺ ☺ ☺ ☹ ☹ ☹ ☹

Name:____________________ Datum:________________

GRIPSFIT 6 (Lösungen)

1. Lustiges Balkenschieben

Diese Balken sind so zu verlegen, dass du waagrecht Reihe für Reihe ein Sprichwort lesen kannst.

DER FLEISSIGE HAT IMMER ETWAS ZU TUN

1	4	3	5	2
DE	RF	LE	IS	SI
GE	HA	TI	MM	ER
ET	WA	SZ	UT	UN

2. Wer sagt was ?

7 Halt, du Dieb !

4 Wo sind denn die Tomaten ?

6 Auf Wiedersehen !

5 Das Einräumen ist kein Vergnügen !

1 Guten Tag, Frau Kittinger ! Wie geht´s denn immer ?

3 Sind die billig !

2 Das macht 2 Mark 65, bitteschön.

3. Da raucht der Kopf !

Welche Zahlen musst du für die Buchstaben im Quadrat einsetzen, wenn Folgendes bekannt ist:

J ist die Hälfte von **K**,
K ist die Summe von **L** und 9,
L ist die Differenz von **M** und 14,
M ist das Dreifache von 5,
die Summe von **J** und **N** ist 25 ?

5		10
	1	
15		20

4. Ganz kurz:

Nur einmal - dann sind´s keine 100 Kekse mehr !

Name:________________________ Datum:__________________

GRIPSFIT 7

1. Luzigrips´ Bruchreise

Wenn du von jedem Land den richtigen Anteil an Buchstaben wegnimmst, erhältst du das Land, in das Luzigrips fährt !

(ein Siebtel) SCHWEIZ
(drei Fünftel) JAPAN
(ein Siebtel) BELGIEN
(zwei Achtel) SCHWEDEN

2. Denken und rechnen

Welche Zahl bedeutet jeder Buchstabe, wenn Folgendes bekannt ist:

E + L + R = 21
R • L = 42
I + L = 70 : R
B : E = I
L = 60 : 10
B + E + R + L + I + N = 60 ?

B	E	R	L	I	N

3. Wünsche

Was wir uns zu einem gelungenen Winter wünschen, das zeigt dieser Rebus:

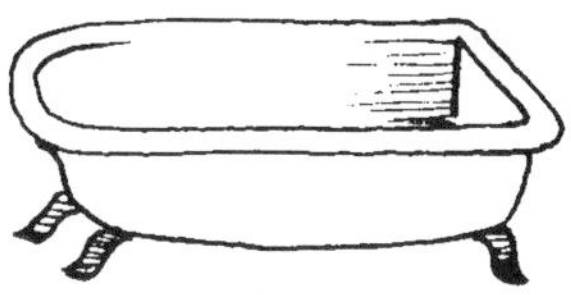

~~1~~ S
~~2~~ O

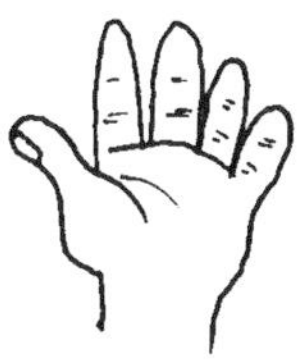

~~1~~
~~2~~ u

~~4~~ n
~~5~~ e
~~6~~ e

_ _ _ _ _   _ _ _   _ _ _ _ _ _

4. Zahlwörter

Wie viele Zahlwörter stecken in diesem Satz ?

Ein Seehund reißt ganz weit das Maul auf, zeigt seine Zähne und sagt: Gute Nacht !

☺ ☺ ☺ ☺ ☹ ☹ ☹ ☹

Name:____________________ Datum:______________

GRIPSFIT 7 (Lösungen)

1. Luzigrips´ Bruchreise

Wenn du von jedem Land den richtigen Anteil an Buchstaben wegnimmst, erhältst du das Land, in das Luzigrips fährt !

SPANIEN

(ein Siebtel) SCHWEIZ
(drei Fünftel) JAPAN
(ein Siebtel) BELGIEN
(zwei Achtel) SCHWEDEN

2. Denken und rechnen

Welche Zahl bedeutet jeder Buchstabe, wenn Folgendes bekannt ist:

E + L + R = 21
R L = 42
I + L = 70 : R
B : E = I
L = 60 : 10
B + E + R + L + I + N = 60 ?

B	E	R	L	I	N
32	8	7	6	4	3

3. Wünsche

Was wir uns zu einem gelungenen Winter wünschen, das zeigt dieser Rebus:

SONNE UND SCHNEE

4. Zahlwörter

5 Zahlwörter:

Ein Seehun**d** **rei**ßt gan**z** **wei**t das Maul auf, zeigt seine Zäh**ne** **und** sagt: Gute N**acht** !

Name:____________________ Datum:______________

GRIPSFIT 8

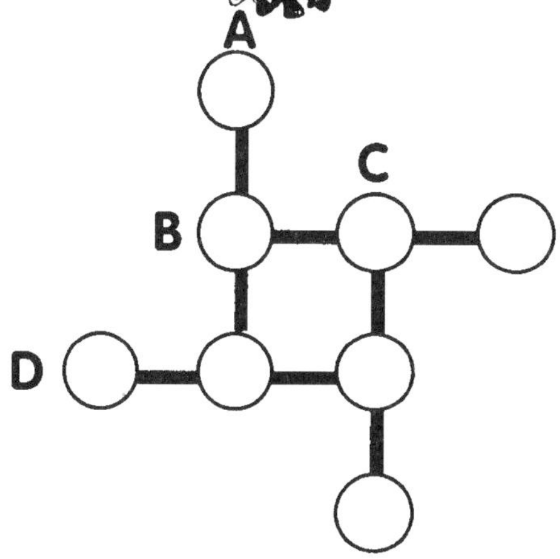

1. Summen

Trage die Zahlen von 3 - 10 so in die Kreise ein, dass in jeder Reihe A, B, C und D die Summe 18 herauskommt !

2. Luzispruch

Richtig zusammengesetzt ergeben diese Buchstabengruppen einen Spruch.

htall - asgl - stnic - esgo - änzt - esi - ldw

3. Geschwister Luzigrips

Wo sind Luzigrips und seine Schwester ?
Nur zwei Teufelchen sehen wirklich gleich aus !

4. Gestrichen !

Aus jedem der Wörter streichst du einen Buchstaben, dann entstehen Wörter mit anderen Bedeutungen. Die gestrichenen Buchstaben verraten dir, womit du hoch hinaus kommst !

Gasse - enorm - Beistand - Polster - Bauch - schmausen - Wahl - Passant

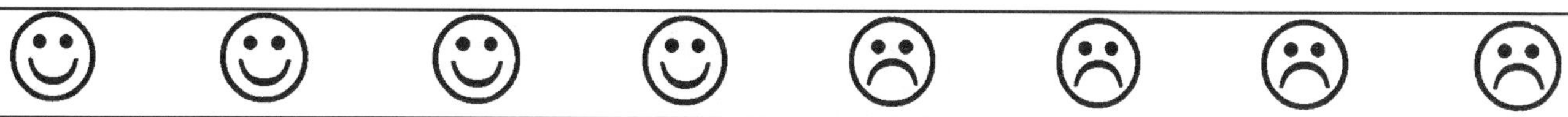

Name:____________________Datum:______________

GRIPSFIT 8 (Lösungen)

1. Summen

Trage die Zahlen von 3 - 10 so in die Kreise ein, dass in jeder Reihe A, B, C und D die Summe 18 herauskommt !

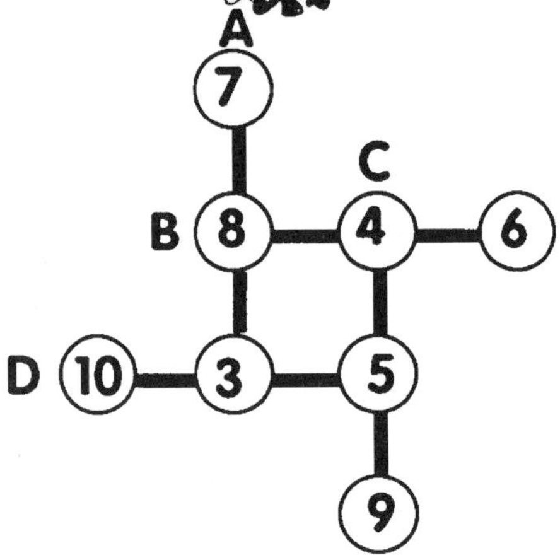

2. Luzispruch

Richtig zusammengesetzt ergeben diese Buchstabengruppen einen Spruch.

es ist nicht alles gold was glänzt

3. Geschwister Luzigrips

Wo sind Luzigrips und seine Schwester ?
Nur zwei Teufelchen sehen wirklich gleich aus !

4. Gestrichen !

Aus jedem der Wörter streichst du einen Buchstaben, dann entstehen Wörter mit anderen Bedeutungen. Die gestrichenen Buchstaben verraten dir, womit du hoch hinaus kommst !

Gas[redacted]e - [redacted]norm - Be[redacted]stand - Po[redacted]ster - [redacted]auch -
schm[redacted]usen - Wa[redacted]l - Passa[redacted]t **Seilbahn**

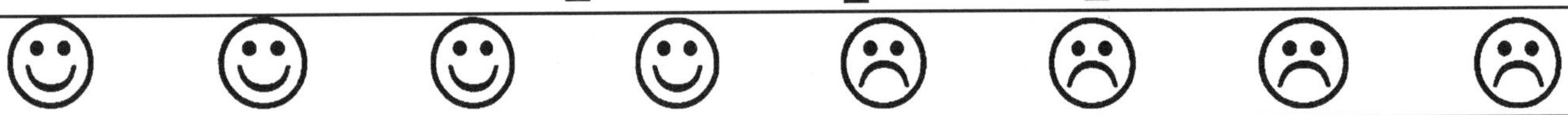

Name:____________________ Datum:________________

GRIPSFIT 9

1. Der Größe nach

Vier Mädchen sollen sich in der Sportstunde der Größe nach aufstellen. Es ist bekannt: Anne ist kleiner als Britta, Doris ist kleiner als Christa, Britta ist kleiner als Doris und Christa ist größer als Anne.

Wer ist nun wer ?

2. Teuflisch !

Teile das nebenstehende Rechteck so in vier gleiche Teile, dass die Summe der Zahlen in jedem Feld gleich ist.

7	3	5	3	5	7
5	2	7	5	3	3
3	2	3	7	2	2
5	3	5	5	3	5

3. Das große Tricksen

Aus den fünf Balken ist hier die Zahl 141 gelegt worden. Lege sie so um, dass 12 dabei heraus kommt.

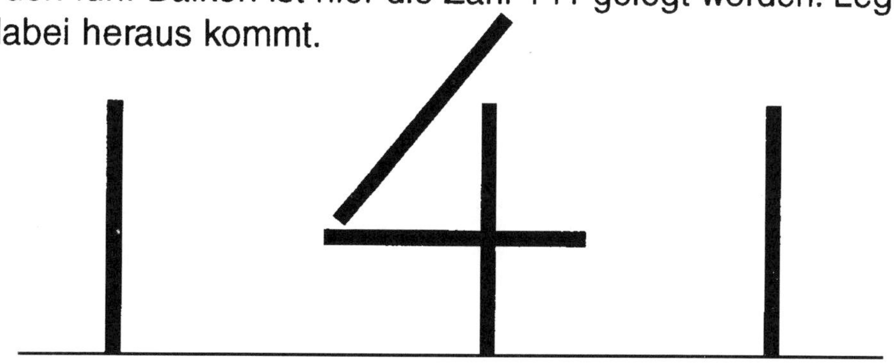

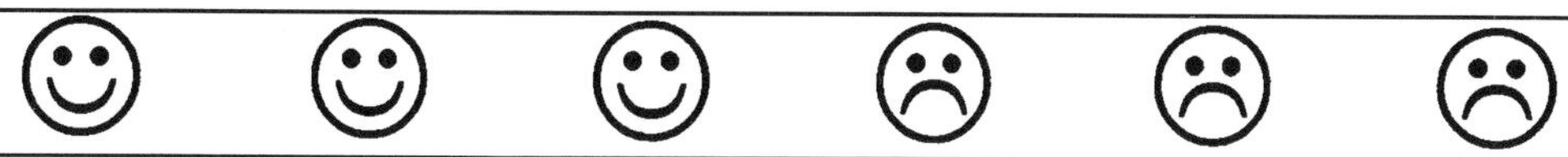

Name: ____________________ Datum: ________________

GRIPSFIT 9 (Lösungen)

1. Der Größe nach

Vier Mädchen sollen sich in der Sportstunde der Größe nach aufstellen. Es ist bekannt: Anne ist kleiner als Britta, Doris ist kleiner als Christa, Britta ist kleiner als Doris und Christa ist größer als Anne. *Anne - Britta - Doris - Christa*

Wer ist nun wer ?

2. Teuflisch !

Teile das nebenstehende Rechteck so in vier gleiche Teile, dass die Summe der Zahlen in jedem Feld gleich ist.

7	3	5	3	5	7
5	2	7	5	3	3
3	2	3	7	2	2
5	3	5	5	3	5

3. Das große Tricksen

Aus den fünf Balken ist hier die Zahl 141 gelegt worden. Lege sie so um, dass 12 dabei heraus kommt.

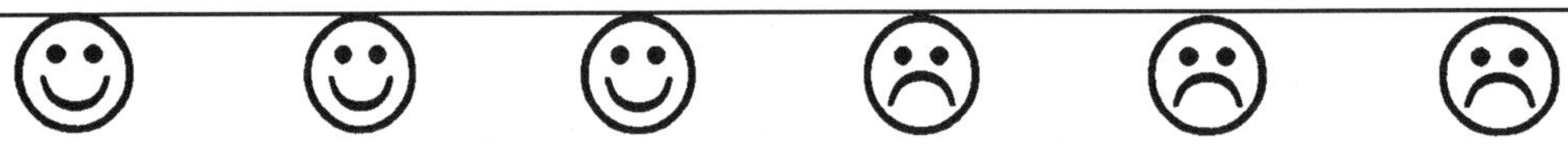

Name: ____________________ Datum: ______________

GRIPSFIT 10

1. Wem gehört die Brille ?

Die längste Schlange hat

ihre Brille verloren.

Suche sie !

2. Wie viele Ketchupkrapfen ?

Frau Mair hat Faschingskrapfen gebacken. Leider erwischte sie irgendwann einmal Ketchup statt Marmelade.
Auf die Frage, wie viele Krapfen mit Ketchup gefüllt sind, meint sie:
Zähle zur Zahl der ketchupgefüllten Krapfen neun hinzu, nimm mal neun, so sind es neun mehr als neunundneunzig !

3. Wer versteckt sich in der Pyramide ?

1. letzter Buchstabe im Alphabet; 2. Hühnerprodukt ; 3. nicht zu; 4. alkoholisches Getränk ; 5. junger Pflanzenspross ; 6. sehr herb im Geschmack ; 7. Pistolenbehälter

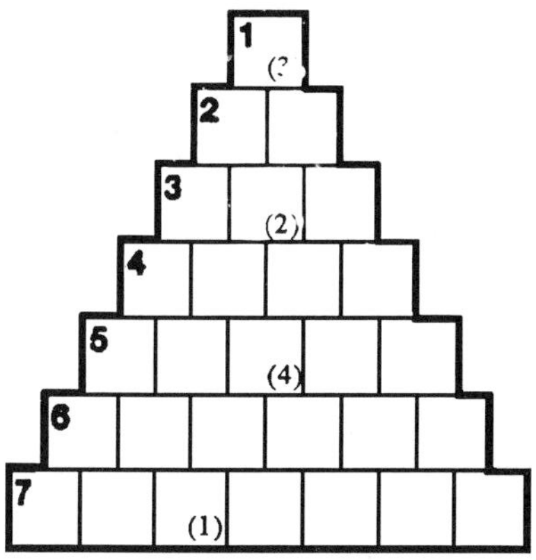

LÖSUNG:

(1)	(2)	(3)	(4)

4. Ätsch !

Vor dem Frankfurter Hauptbahnhof stehen 16 Taxen. Drei fahren weg. Wie viele bleiben stehen ?

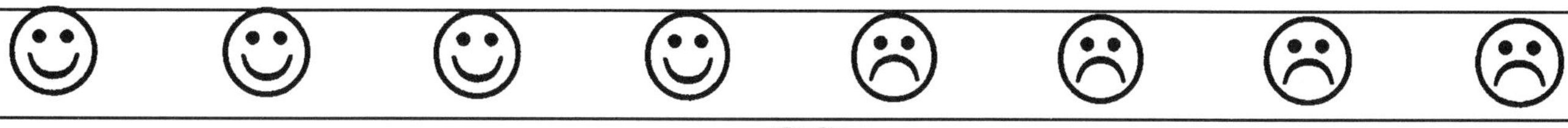

Name: ____________________ Datum: ______________

GRIPSFIT 10 (Lösungen)

1. Wem gehört die Brille ?

Die längste Schlange hat

ihre Brille verloren.

Suche sie !

2. Wie viele Ketchupkrapfen ?

$$(x + 9) \cdot 9 = 99 + 9$$
$$x = 3$$

Es sind 3 Krapfen mit Ketchup

Frau Mair hat Faschingskrapfen gebacken. Leider erwischte sie irgendwann einmal Ketchup statt Marmelade.
Auf die Frage, wie viele Krapfen mit Ketchup gefüllt sind, meint sie:
Zähle zur Zahl der ketchupgefüllten Krapfen neun hinzu, nimm mal neun, so sind es neun mehr als neunundneunzig !

3. Wer versteckt sich in der Pyramide ?

1. letzter Buchstabe im Alphabet; 2. Hühnerprodukt ; 3. nicht zu; 4. alkoholisches Getränk ; 5. junger Pflanzenspross ; 6. sehr herb im Geschmack ; 7. Pistolenbehälter

1 Z(3)
2 E I
3 A U(2) F
4 B I E R
5 T R I(4) E B
6 B I T T E R
7 H A L(1) F T E R

LÖSUNG:

(1)	(2)	(3)	(4)
L	U	Z	I

4. Ätsch !

Keine , denn sie müssen nachrücken !

Name:____________________ Datum:________________

GRIPSFIT 11

1. Sag ´s mit Bildern !

Fülle die Kästchen von unten nach oben richtig, dann erfährst du den Namen eines klugen Mannes.

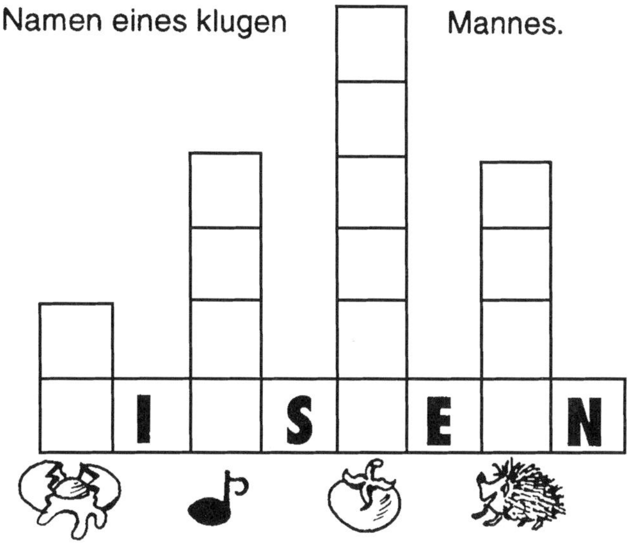

2. Sprüche

In diesen Sprüchen kommt jeweils eine Zahl vor.
Setze die richtigen Zahlen ein, addiere sie und du erhältst die Summe 38 !

a) Er tut, als ob er nicht bis .... zählen könnte.
b) Nun schlägt ´s aber .... !
c) Das .... Rad am Wagen
d) Er wartet bis .... nach ....

3. Achtzehn Punkte

Verteile 18 Punkte in den Kästchen des Quadrates so, dass senkrecht, waagerecht und in den beiden Diagonalen jeweils 3 Punkte stehen !

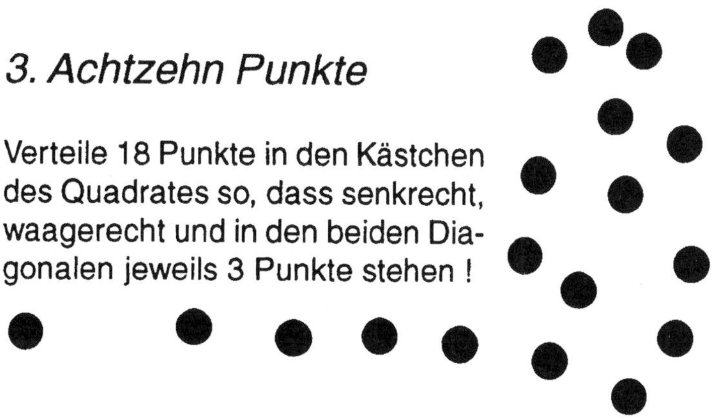

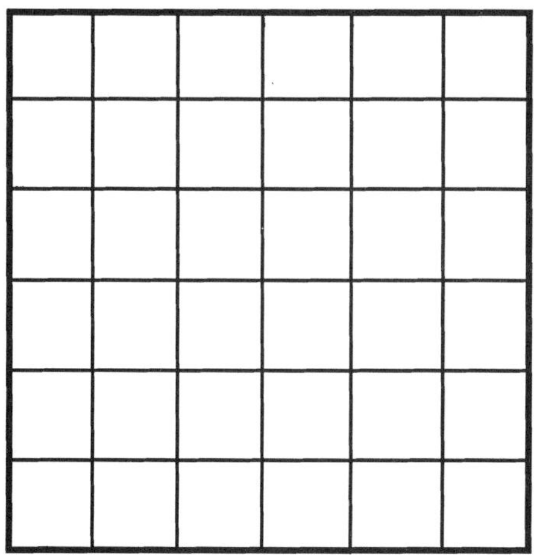

4. Ganz kurz !

Was schenken sich Päpste gegenseitig zum Geburtstag ?

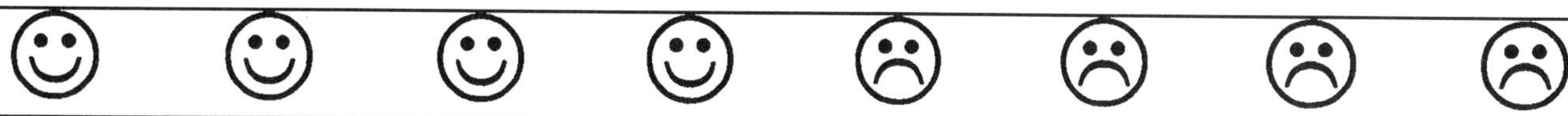

Name:____________________Datum:________________

GRIPSFIT 11 (Lösungen)

1. Sag ´s mit Bildern !

Fülle die Kästchen von unten nach oben richtig, dann erfährst du den Namen eines klugen Mannes.

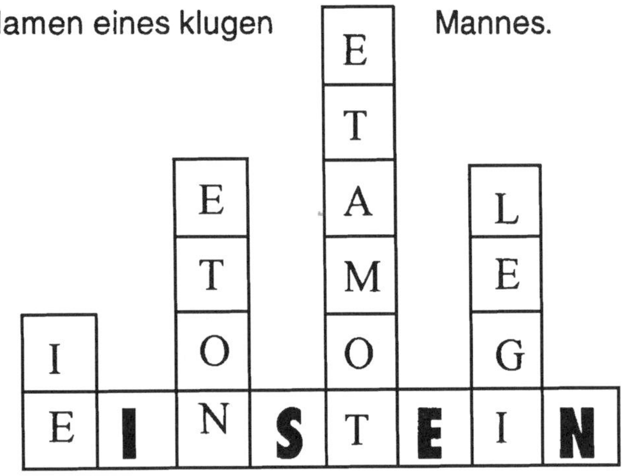

2. Sprüche

3
13
5.
5 nach 12

a) Er tut, als ob er nicht bis .... zählen könnte.
b) Nun schlägt ´s aber .... !
c) Das .... Rad am Wagen
d) Er wartet bis .... nach ....

3. Achtzehn Punkte

Verteile 18 Punkte in den Kästchen des Quadrates so, dass senkrecht, waagerecht und in den beiden Diagonalen jeweils 3 Punkte stehen !

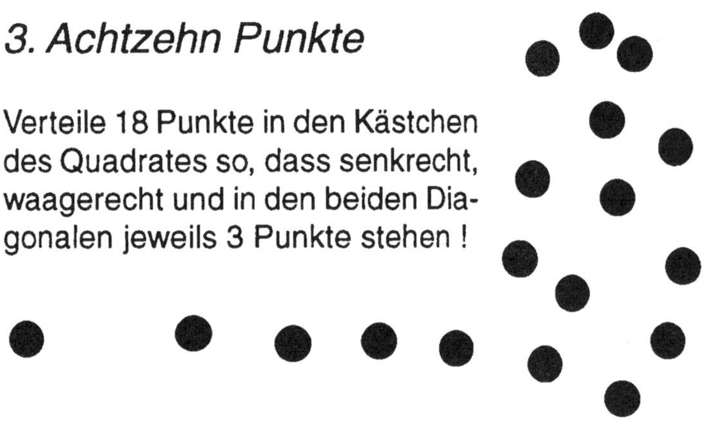

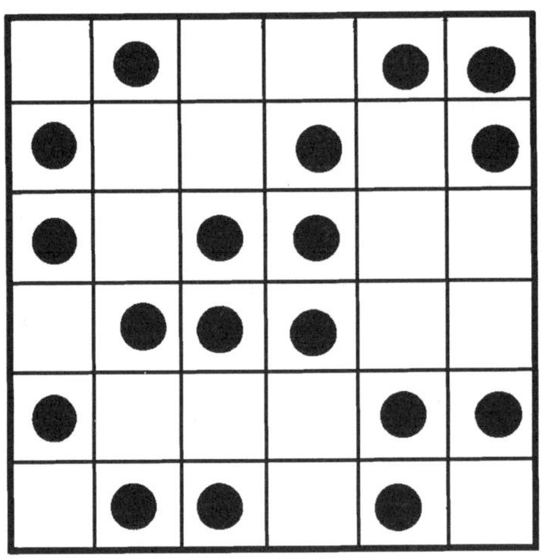

4. Ganz kurz !

Es gibt jeweils nur einen Papst !

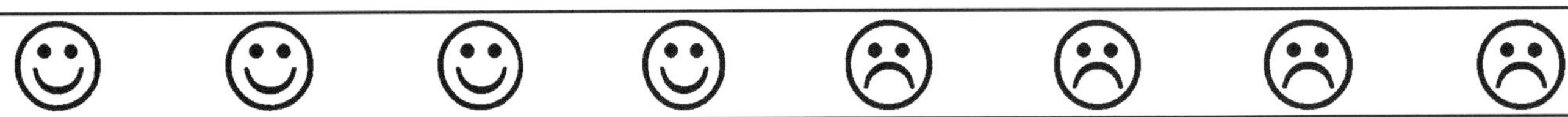

Name:____________________ Datum:________________

GRIPSFIT 12

1. *Drei Mäuseriche auf Wanderschaft*

Drei Mäuseriche sind auf dem Weg zum Bäcker. Sie gehen über eine Brücke. Keiner geht voran. Keiner geht in der Mitte. Und keiner geht hinterher. Wie ist das möglich ?

2. *Ein Krimi: Schlauer als Luzigrips !*

Du siehst hier eine Fußgängerzone. Luzigrips ist auch unter den Passanten. Er weiß: Irgendwo geht, steht, liegt oder sitzt ein Bankräuber. Luzigrips verrät uns nur so viel über die gesuchte Person: Sie trägt eine Tasche, aber keine Brille. Sie ist gesund, trägt helle Schuhe, aber keine Krawatte. Na, wer ist es ?

3. *Augen auf !*

Welche Bälle passen in die Schachtel ?

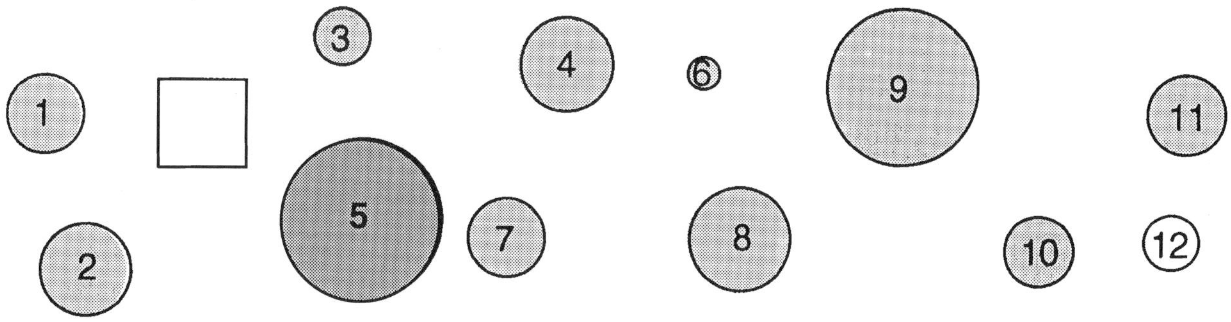

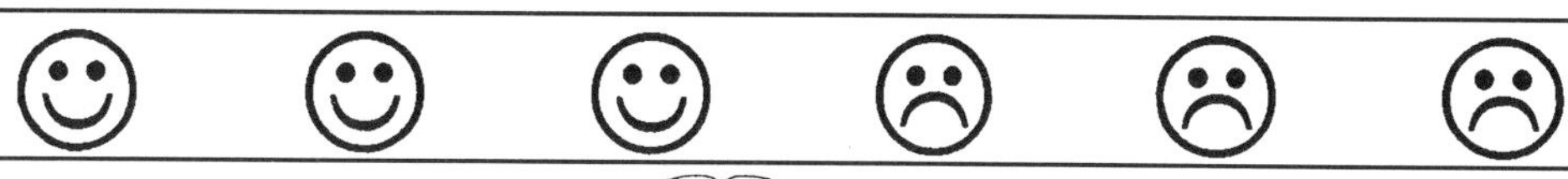

Name:____________________Datum:________________

GRIPSFIT 12 (Lösungen)

1. Drei Mäuseriche auf Wanderschaft

Drei Mäuseriche sind auf dem Weg zum Bäcker. Sie gehen über eine Brücke. Keiner geht voran. Keiner geht in der Mitte. Und keiner geht hinterher. Wie ist das möglich ?

Jeder Mäuserich heißt **KEINER**

2. Ein Krimi: Schlauer als Luzigrips !

Du siehst hier eine Fußgängerzone. Luzigrips ist auch unter den Passanten. Er weiß: Irgendwo geht, steht, liegt oder sitzt ein Bankräuber. Luzigrips verrät uns nur so viel über die gesuchte Person: Sie trägt eine Tasche, aber keine Brille. Sie ist gesund, trägt helle Schuhe, aber keine Krawatte. Na, wer ist es ?

3. Augen auf !

Welche Bälle passen in die Schachtel ? **1 - 3 - 6 - 7 - 10 - 11 - 12**

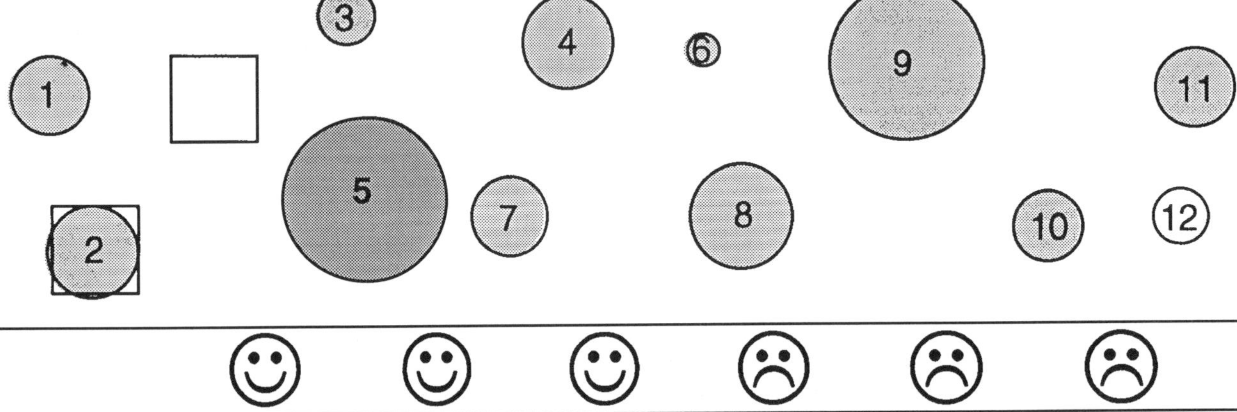

Name:____________________Datum:_______________

GRIPSFIT 13

1. Nimm´s wörtlich !

Welche Berufe sind hier dargestellt ?

2. Hexerei mit Luzigrips

Waagerecht und senkrecht dasselbe !

1. zugespitzter Holzstamm;
2. dünnes Blatt; 3. gesamt, ganz;
4. Schlag(Mehrzahl);
5. Zeitungsabonnent

1	2	3	4	5
2				
3				
4				
5				

3. Denken !

Wie müssen die Kasten 3 und 7 aussehen ?

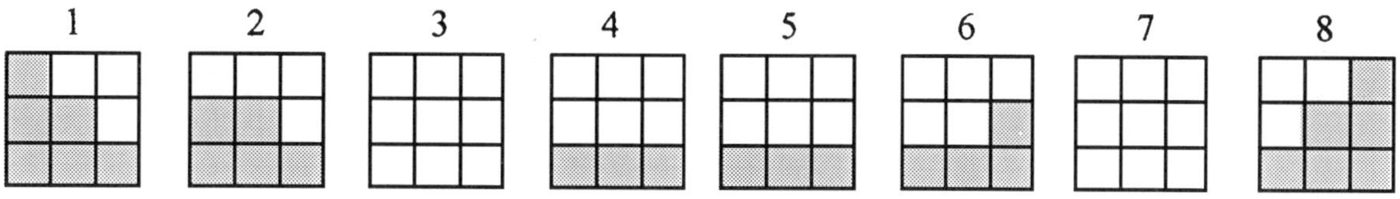

4. Ausprobieren !

Klaus, Inge, Peter und Luzigrips sollen an einem Staffellauf teilnehmen.
Wie viele Möglichkeiten gibt es für die Reihenfolge, in der sie laufen können ?

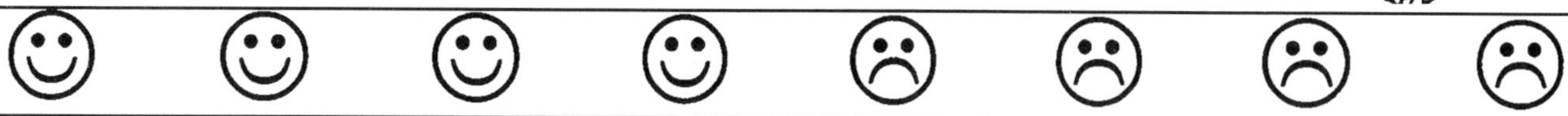

Name:____________________Datum:________________

GRIPSFIT 13 (Lösungen)

1. Nimm´s wörtlich !

Welche Berufe sind hier dargestellt ?

Bankkaufmann Schneiderin Erfinder Hebamme

2. Hexerei mit Luzigrips

Waagerecht und senkrecht dasselbe !

1. zugespitzter Holzstamm;
2. dünnes Blatt; 3. gesamt, ganz;
4. Schlag(Mehrzahl);
5. Zeitungsabonnent

1 P	2 F	3 A	4 H	5 L
2 F	O	L	I	E
3 A	L	L	E	S
4 H	I	E	B	E
5 L	E	S	E	R

3. Denken !

Wie müssen die Kasten 3 und 7 aussehen ?

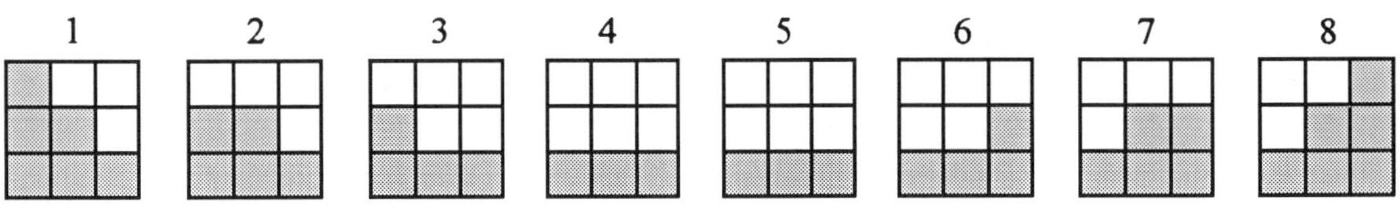

4. Ausprobieren !

Klaus, Inge, Peter und Luzigrips sollen an einem Staffellauf teilnehmen.
Wie viele Möglichkeiten gibt es für die Reihenfolge, in der sie laufen können ?

Für die Reihenfolge gibt es 24 Möglichkeiten.

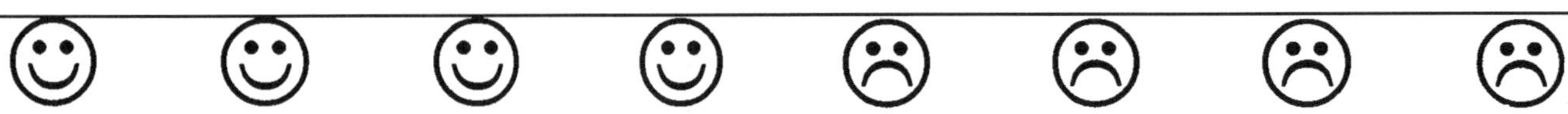

Name:____________________Datum:________________

GRIPSFIT 14

1. Alle Kühe sind schon da !

Wenn vier Kühe an vier Ecken sitzen, wie viele Ohren sieht jede ?

2. Mit dem Fahrrad schwimmen ?

In einer Schulklasse können 20 Schüler Rad fahren. 8 Schüler können schwimmen und Rad fahren. Wie viele Schüler der Klasse können Rad fahren, aber nicht schwimmen ?

3. Quadratische Aufgabe

Wie viele Quadrate kannst du einzeichnen, wenn die Eckpunkte immer im Feldmittelpunkt liegen ?

Beispiel:

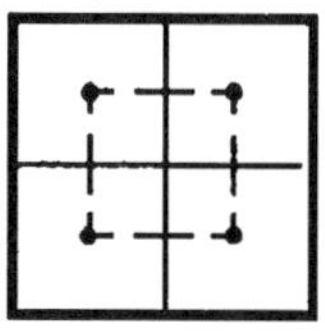

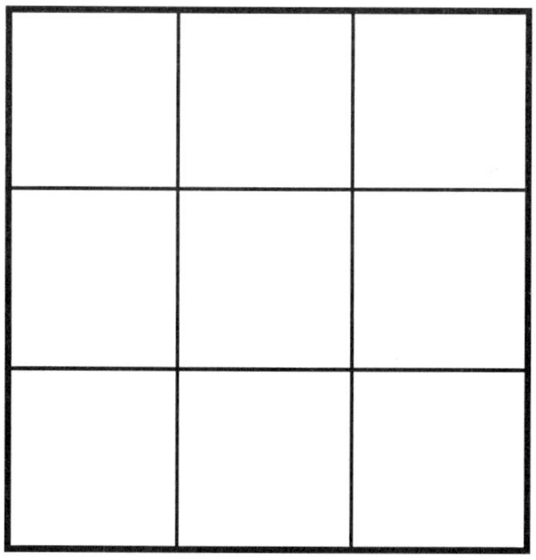

4. Noch mehr !

Vermehre jedes Wort um je einen Buchstaben, so dass neue, sinnvolle Wörter entstehen.
Die neuen Buchstaben sagen dir - hintereinander gelesen - , was du hinter dir hast !

Grus - Lade - Trick - Urban -

Deck - schlapp - neu - Laser -

Scham - Egel - Geier

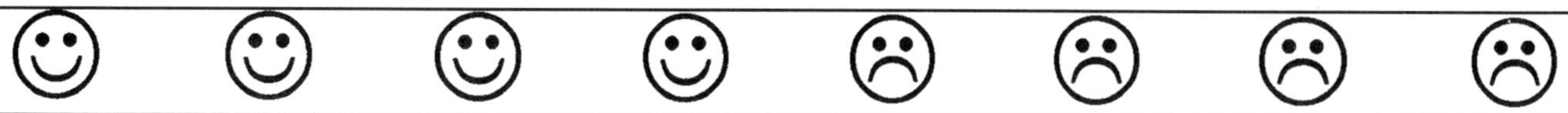

Name:____________________Datum:________________

GRIPSFIT 14 (Lösungen)

1. Alle Kühe sind schon da !

Wenn vier Kühe an vier Ecken sitzen, wie viele Ohren sieht jede ?

6 Ohren

2. Mit dem Fahrrad schwimmen ?

In einer Schulklasse können 20 Schüler Rad fahren. 8 Schüler können schwimmen und Rad fahren. Wie viele Schüler der Klasse können Rad fahren, aber nicht schwimmen ?

20 - 8 = 12
12 Schüler können Rad fahren, aber nicht schwimmen.

3. Quadratische Aufgabe

Wie viele Quadrate kannst du einzeichnen, wenn die Eckpunkte immer im Feldmittelpunkt liegen ?

Beispiel:

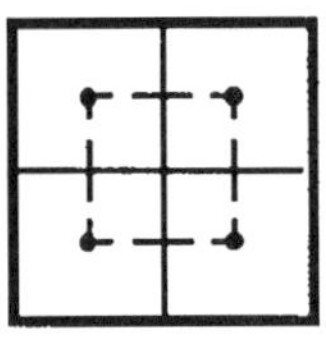

6 Quadrate

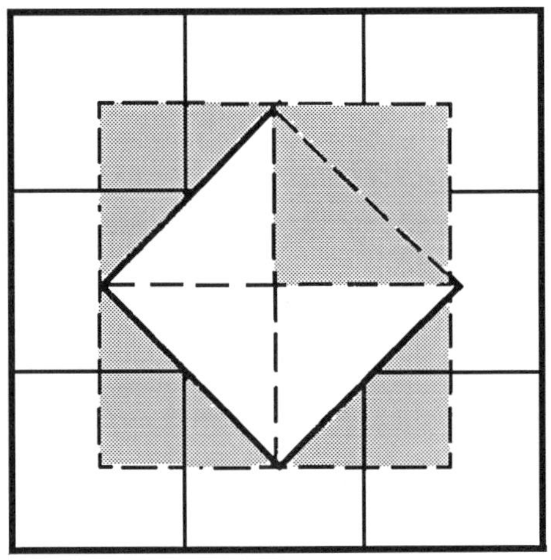

4. Noch mehr !

Vermehre jedes Wort um je einen Buchstaben, so dass neue, sinnvolle Wörter entstehen.
Die neuen Buchstaben sagen dir - hintereinander gelesen - , was du hinter dir hast !

Anstrengung

Grus* / *Graus* - Lade/ *Laden* - Trick/ *Strick* - Urban/ *Turban* - Deck/ *Dreck* - schlapp/ *Schlappe* - neu/ *neun* - Laser/ *Glaser* - Scham/ *Schaum* - Egel/ *Engel* - Geier/ *Geiger*

* Grus ist eine Gesteinsart !

Name:____________________ Datum:________________

GRIPSFIT 15

1. Fliesen für Luzigrips´ Wohnung

Der Fliesenleger hat begonnen, Fliesen zu verlegen. Mache weiter !
Wie viele Fliesen fehlen noch, bis die Fläche gefüllt ist ?

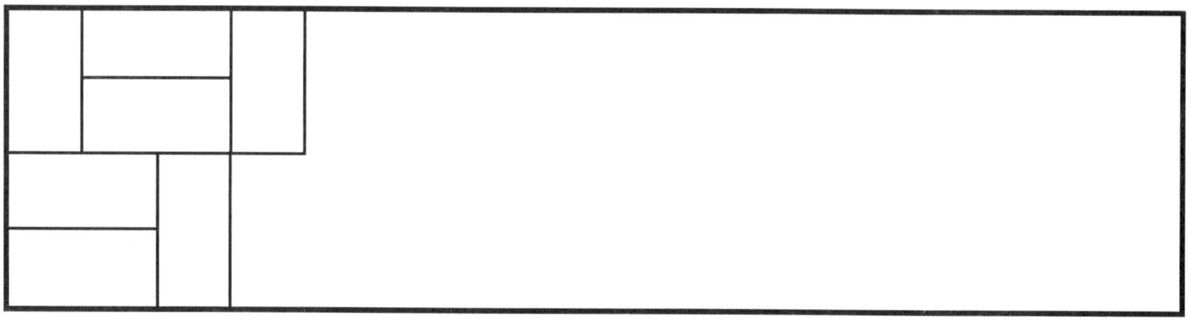

2. Nun schieb mal !

Die 9 Scheiben bilden 8 Dreierreihen, nämlich drei waagerechte, drei senkrechte und zwei diagonale Reihen.
Ordne die Scheiben so an, dass drei Viererreihen entstehen !

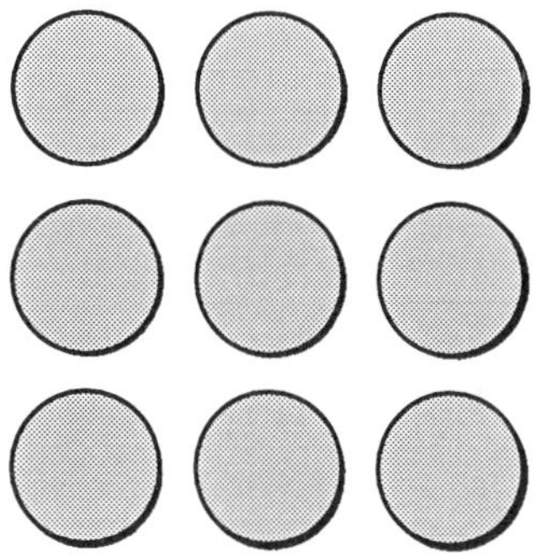

3. Paare suchen

Nur ein Kästchen zeigt alle Buchstaben als Paare !

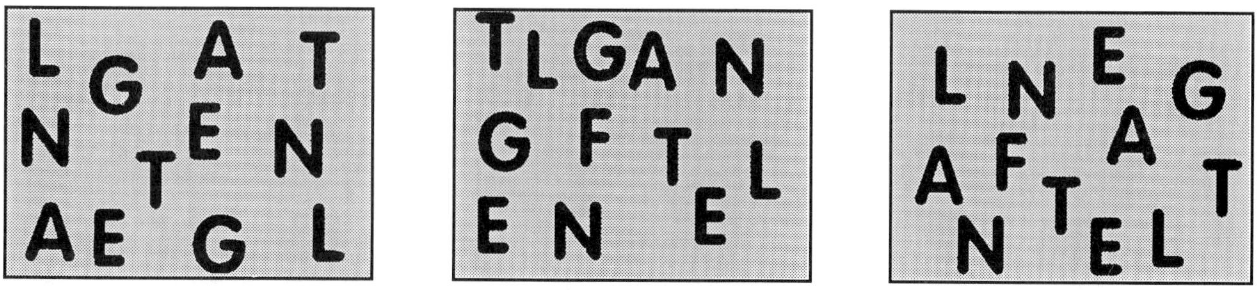

4. Luzigrips´Verwandtschaft

Wie nennt Luzigrips eine Frau, deren Söhne er einmal Vater und einmal Onkel nennt ?

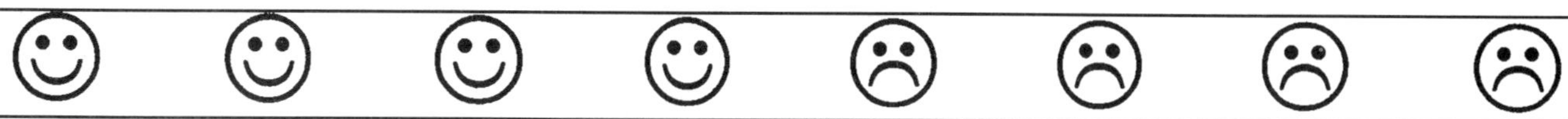

Name:____________________Datum:_______________

GRIPSFIT 15 (Lösungen)

1. Fliesen für Luzigrips´ Wohnung

Der Fliesenleger hat begonnen, Fliesen zu verlegen. Mache weiter !
Wie viele Fliesen fehlen noch, bis die Fläche gefüllt ist ?

25 (24 + 2 halbe)

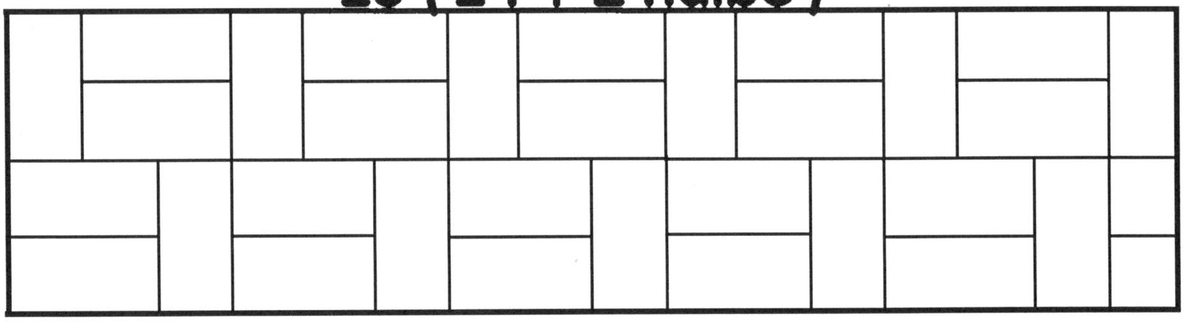

2. Nun schieb mal !

Die 9 Scheiben bilden 8 Dreierreihen, nämlich drei waagerechte, drei senkrechte und zwei diagonale Reihen.
Ordne die Scheiben so an, dass drei Viererreihen entstehen !

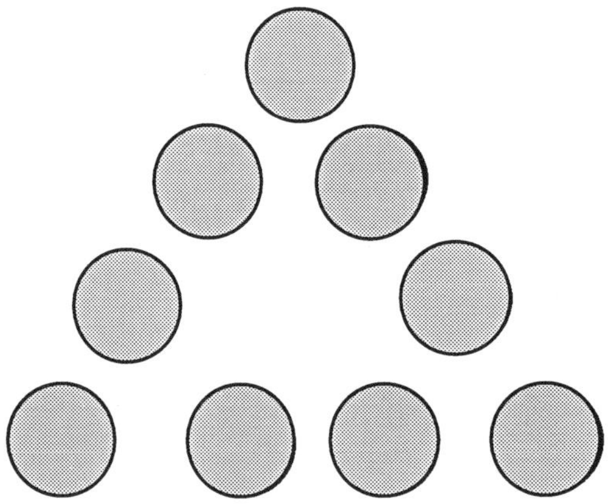

3. Paare suchen

Nur ein Kästchen zeigt alle Buchstaben als Paare !

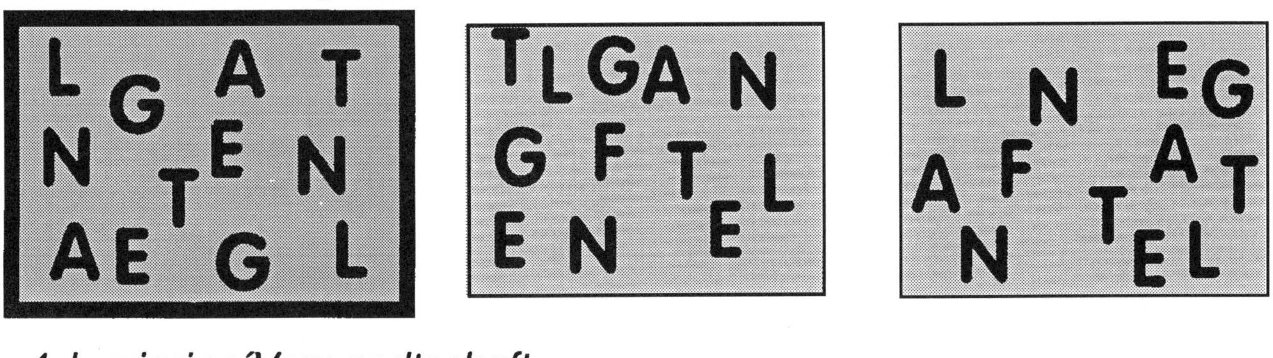

4. Luzigrips´Verwandtschaft

O M A

Name:____________________Datum:_______________

GRIPSFIT 16

1. Ein Zahlenquadrat

Setze die Zahlen 4, 5 und 6 so in das Quadrat ein, dass die Summe jeder Reihe (waagerecht, senkrecht und diagonal) 15 ergibt.

2. Such !

Welche dieser Figuren stammen aus dem Bild nebenan ?
Suche die Teile im Bild !

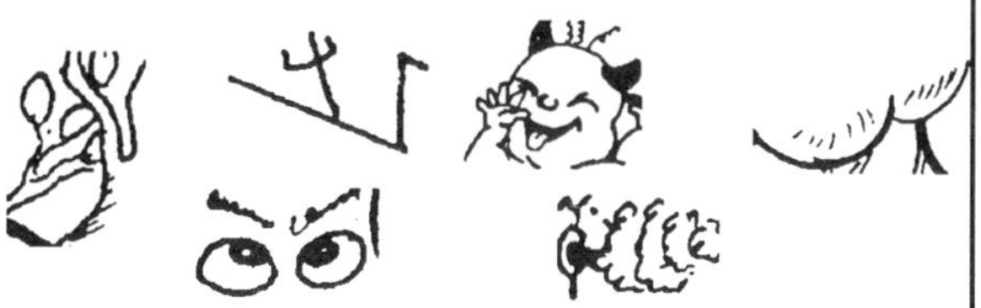

3. Seltsame Vögel !

Gesucht sind zusammengesetzte Wörter, die alle mit **Vogel** beginnen. Du musst nur die Buchstaben in den Kreisen in die richtige Reihenfolge bringen !

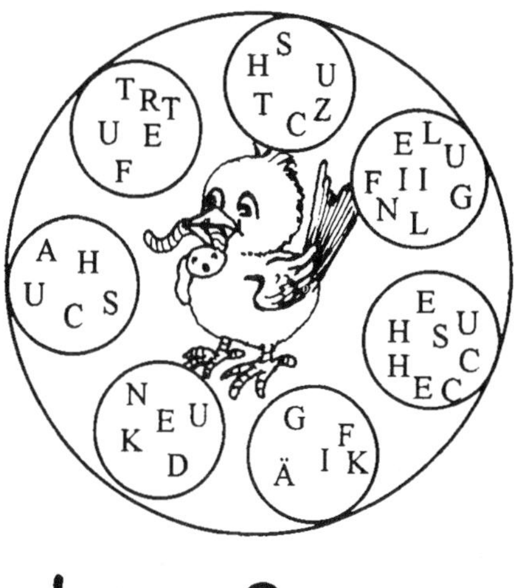

4. Eine dumme Frage !

Wer hat das Zeug zum Fahren ?

Name:_________________ Datum:______________

GRIPSFIT 16 (Lösungen)

1. Ein Zahlenquadrat

Setze die Zahlen 4, 5 und 6 so in das Quadrat ein, dass die Summe jeder Reihe (waagerecht, senkrecht und diagonal) 15 ergibt.

4	**6**	**5**
6	**5**	**4**
5	**4**	**6**

2. Such !

Welche dieser Figuren stammen aus dem Bild nebenan ? Suche die Teile im Bild !

3. Seltsame Vögel !

Gesucht sind zusammengesetzte Wörter, die alle mit **Vogel** beginnen. Du musst nur die Buchstaben in den Kreisen in die richtige Reihenfolge bringen !

Vogelschau
Vogelfutter
Vogelfluglinie
Vogelschutz
Vogelscheuche
Vogelkunde
Vogelkäfig

4. Eine dumme Frage !

Das Fahrzeug !

Name:____________________Datum:_______________

GRIPSFIT 17

1. Luzigrips geht nach Hause....

....und sammelt dabei auf dem richtigen Weg etwas ein !

2. Es geht abwärts - aber nicht mit dir !

Trage die Lösungen waagrecht ein. Die beiden Buchstaben in der Treppe nennen dir -abwärts gelesen- ein wichtiges Untensil von Badeurlaubern!

1. großer Siebschnäbler ; 2. Vermutung; 3. kleine Tür, Eingang; 4. Zunge am Schuh ; 5. kleine, bunte Spielkugel

1					
2					
3					
4					
5					

3. Teuflische Verknüpfungen

Die Zahlen in Spalte D sind mit denen in den Spalten A, B und C irgendwie verknüpft. Finde diese Verknüpfung heraus, und du kannst anstelle des Fragezeichens die richtige Zahl einsetzen !

2	2	2	6
4	1	3	8
2	1	1	4
5	2	2	?
A	B	C	D

Name:____________________Datum:______________

GRIPSFIT 17 (Lösungen)

1. Luzigrips geht nach Hause....

....und sammelt dabei auf dem richtigen Weg etwas ein ! **VIEL BRENNHOLZ**

2. Es geht abwärts - aber nicht mit dir !

SCHNORCHEL

Trage die Lösungen waagrecht ein. Die beiden Buchstaben in der Treppe nennen dir -abwärts gelesen- ein wichtiges Untensil von Badeurlaubern!

1. großer Siebschnäbler ; 2. Vermutung; 3. kleine Tür, Eingang; 4. Zunge am Schuh ; 5. kleine, bunte Spielkugel

1 S	C	H	W	A	N
2 A	H	N	U	N	G
3 P	F	O	R	T	E
4 L	A	S	C	H	E
5 M	U	R	M	E	L

3. Teuflische Verknüpfungen

Die Zahlen in Spalte D sind mit denen in den Spalten A, B und C irgendwie verknüpft. Finde diese Verknüpfung heraus, und du kannst anstelle des Fragezeichens die richtige Zahl einsetzen !

2	2	2	6
4	1	3	8
2	1	1	4
5	2	2	9

+

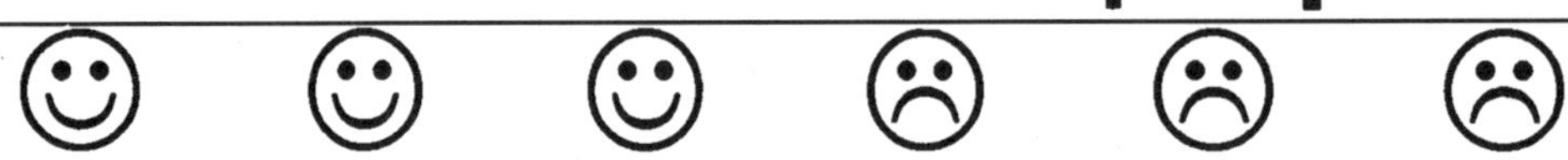

Name:____________________ Datum:______________

GRIPSFIT 18

1. Teuflische Zeiten !

Luzigrips hat jeden Morgen einen weiten Weg zur Schule. Am Ende des ersten Viertels seines Weges zur Schule liegt das Rathaus, das an seinem Turm eine große Uhr hat. Am Ende des ersten Drittels des gesamten Weges liegt der Bahnhof. Als Luzigrips am Rathaus vorbeiging, zeigte die Rathausuhr gerade 7.30 Uhr an. Als er am Bahnhof vorbeikam, zeigte die Uhr 25 Minuten vor 8 Uhr.

Wann ging Luzi von zu Hause fort ? Wann kam er in der Schule an ?

2. Bitte kämmen !

Trage die Lösungswörter senkrecht ein.
Die Kreise schmecken gut !

1. männlicher Vorname;
2. ein Erdteil;
3. Straßenabwässerschacht;
4. Schiff Noahs;
5. Kriechtier

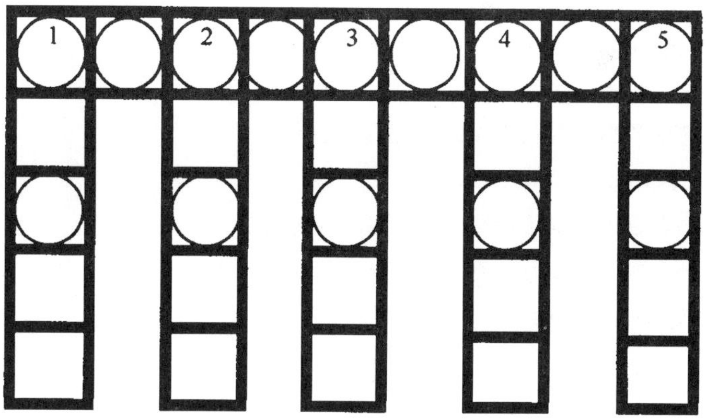

3. Legehühner

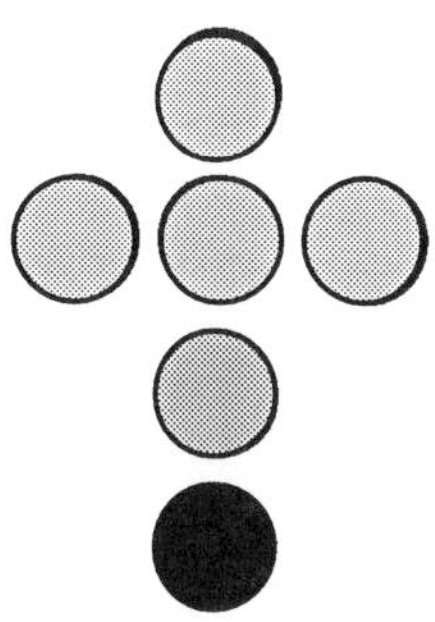

Wie kann man diese 6 Scheiben so legen, dass in zwei Reihen jeweils vier Scheiben liegen ?

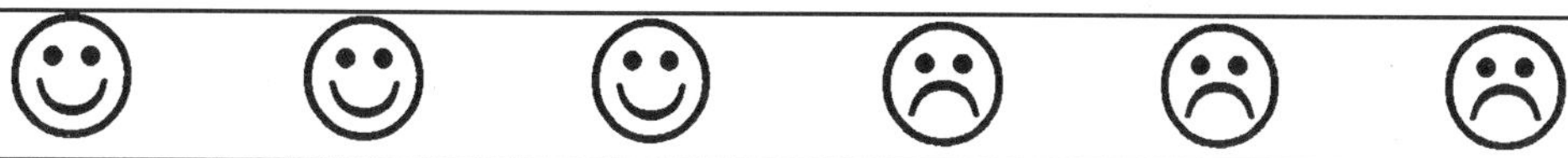

Name:____________________ Datum:______________

GRIPSFIT 18 (Lösungen)

1. Teuflische Zeiten !

Luzigrips hat jeden Morgen einen weiten Weg zur Schule. Am Ende des ersten Viertels seines Weges zur Schule liegt das Rathaus, das an seinem Turm eine große Uhr hat. Am Ende des ersten Drittels des gesamten Weges liegt der Bahnhof. Als Luzigrips am Rathaus vorbeiging, zeigte die Rathausuhr gerade 7.30 Uhr an. Als er am Bahnhof vorbeikam, zeigte die Uhr 25 Minuten vor 8 Uhr.
Wann ging Luzi von zu Hause fort ? Wann kam er in der Schule an ?

Die Entfernung vom Rathaus zum Bahnhof beträgt ein Drittel minus ein Viertel = ein Zwölftel *des gesamten Schulweges. Diese Strecke lief Luzigrips in fünf Minuten. Folglich braucht er für den ganzen Weg zur Schule* 12 mal 5 = 60 Minuten. *Ein Viertel des Weges legt Luzigrips in* 60 geteilt durch 4 = 15 Minuten *zurück. Daraus ergibt sich, dass Luzi um* **7.15 Uhr** *von zu Hause wegging und um* **8.15 Uhr** *in der Schule ankam.*

2. Bitte kämmen !

Trage die Lösungswörter senkrecht ein.
Die Kreise schmecken gut !

1. männlicher Vorname;
2. ein Erdteil;
3. Straßenabwässerschacht;
4. Schiff Noahs;
5. Kriechtier

1 O	R	2 A	N	3 G	E	4 A	D	5 E
T		S		U		R		C
M		I		L		C		H
A		E		L		H		S
R		N		Y		E		E

Orangeade, Milch

3. Legehühner

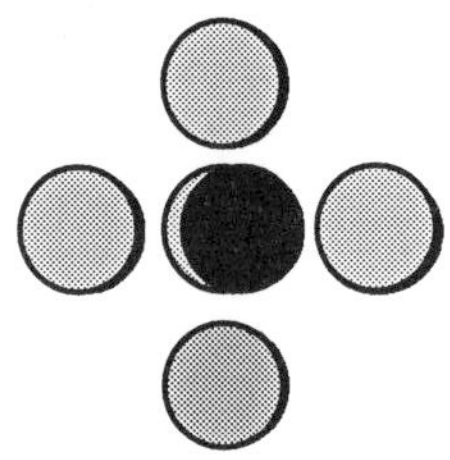

Wie kann man diese 6 Scheiben so legen, dass in zwei Reihen jeweils vier Scheiben liegen ?

Unterste auf zweite Scheibe legen

Name:____________________ Datum:______________

GRIPSFIT 19

1. Luzigrips ist verliebt !

Und seinem Liebling möchte er ein Herzchen basteln.
Hilf ihm, aus diesen Figuren ein Herz zu legen !

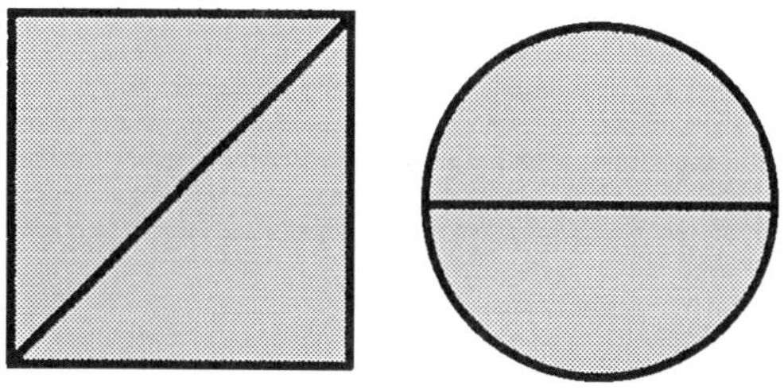

2. Ein gutes Versteck !

12 verschiedene Uhren sind hier versteckt, waagerecht, senkrecht, kreuz und quer, vorwärts und rückwärts ! Beachte, dass Buchstaben doppelt verwendet werden können.

N	S	T	R	A	S	S	E	Z	W	O	E	L	F	W	P	R	S
E	D	B	H	U	U	E	Y	W	Z	T	D	R	R	U	R	M	T
T	G	A	R	E	R	H	U	S	K	C	U	K	C	U	K	U	R
E	K	R	H	R	O	E	H	P	A	R	K	U	H	R	U	Z	E
D	B	M	U	H	H	R	O	I	N	N	U	R	O	M	E	E	O
U	N	B	N	U	K	U	H	L	E	I	D	H	R	I	C	O	I
S	U	A	E	R	A	R	N	U	R	M	I	U	C	S	H	T	B
N	I	N	H	E	I	N	Z	E	M	E	N	D	H	T	E	R	M
E	W	D	C	K	L	E	I	D	N	R	A	N	E	R	N	P	N
F	E	U	S	C	H	U	R	L	I	N	U	A	R	G	U	L	C
O	P	H	A	E	G	R	H	U	P	P	O	T	S	I	H	V	P
H	O	R	T	W	R	E	K	C	E	W	E	S	I	E	R	X	L
N	M	O	R	L	M	M	S	E	B	F	P	P	P	O	O	K	J
E	F	F	A	F	P	D	R	A	H	R	E	R	E	M	R	I	H

3. Feuergefährlich !

Entferne aus dieser Figur vier Streichhölzer, und du erhältst eine Form des Zusammenlebens !

4. Ein magisches Zahlenkreuz

Aus den Zahlen 1 bis 9 wurde ein Kreuz gebildet. Wie müssen die Zahlen umgestellt werden, damit die Summe der waagerechten gleich der senkrechten Spalte ist ?

1

2

6 7 3 8 9

4

5

Name:____________________Datum:______________

GRIPSFIT 19 (Lösungen)

1. Luzigrips ist verliebt !

Und seinem Liebling möchte er ein Herzchen basteln.
Hilf ihm, aus diesen Figuren ein Herz zu legen !

2. Ein gutes Versteck !

12 verschiedene Uhren sind hier versteckt, waagerecht, senkrecht, kreuz und quer, vorwärts und rückwärts ! Beachte, dass Buchstaben doppelt verwendet werden können.

N	S	T	R	A	S	S	E	Z	W	O	E	L	F	W	P	R	S
E	D	B	H	U	U	E	Y	W	Z	T	D	R	R	U	R	M	T
T	G	A	R	E	R	H	U	S	K	C	U	K	C	U	K	U	R
E	K	R	H	R	O	E	H	P	A	R	K	U	H	R	U	Z	E
D	B	M	U	H	H	R	O	I	N	N	U	R	O	M	E	E	O
U	N	B	N	U	K	U	H	L	E	I	D	H	R	I	C	O	I
S	U	A	E	R	A	R	N	U	R	M	I	U	C	S	H	T	B
N	I	N	H	E	I	N	Z	E	M	E	N	D	H	T	E	R	M
E	W	D	C	K	L	E	I	D	N	R	A	N	E	R	N	P	N
F	E	U	S	C	H	U	R	L	I	N	U	A	R	G	U	L	C
O	P	H	A	E	G	R	H	U	P	P	O	T	S	I	H	V	P
H	O	R	T	W	R	E	K	C	E	W	E	S	I	E	R	X	L
N	M	O	R	L	M	M	S	E	B	F	P	P	P	O	O	K	J
E	F	F	A	F	P	D	R	A	H	R	E	R	E	M	R	I	H

3. Feuergefährlich !

Entferne aus dieser Figur vier Streichhölzer, und du erhältst eine Form des Zusammenlebens !

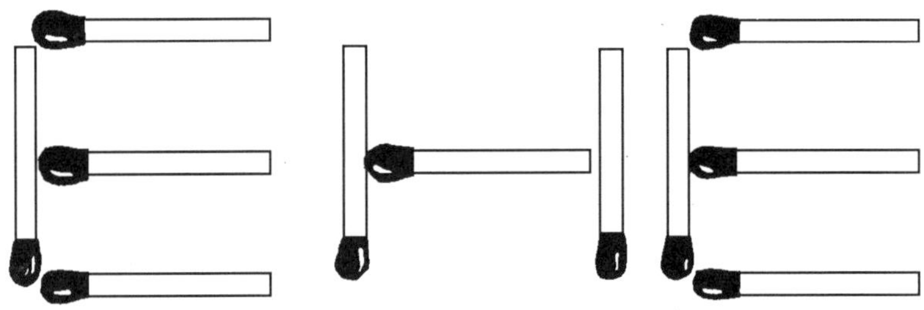

4. Ein magisches Zahlenkreuz

Aus den Zahlen 1 bis 9 wurde ein Kreuz gebildet. Wie müssen die Zahlen umgestellt werden, damit die Summe der waagerechten gleich der senkrechten Spalte ist ?

2

5

3 4 1 7 8

6

9

Name:____________________ Datum: ______________

GRIPSFIT 20

1. Wie sehen wir hell ?

Das ist ein Spiel mit einem Trick. Deine Aufgabe: Versuche herauszubringen, wie dieser Trick funktioniert !

Du bittest einen Partner, er möge sich aus der Tabelle ein Symbol merken und dir die Reihen nennen, in denen es vorkommt. (Zum Beispiel in Reihe 3,4 und 5) Du kannst ihm dann sofort das richtige Symbol nennen, ohne erst die betreffenden Reihen absuchen zu müssen.

Wie geht das ?

2. Zahlenspiel

Hier sollen Zahlen von 1 bis 12 so auf die Kreise verteilt werden, dass sich auf jeder Geraden die Summe 25 ergibt.

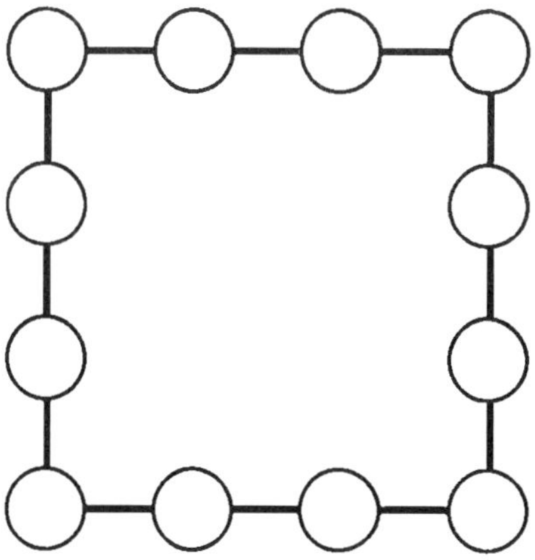

3. Hä, hä, hä !

In jedem Wort ist ein kleines, anderes Wort versteckt.
Die Anfangsbuchstaben der gefundenen Wörter sagen dir, was Luzigrips immer gerne haben möchte !

Besitzer - Scheffel - Vorschub - Pastell - Bindung - Versteck - Knebelung - Befreiung - Strenge - Verehrer - grundiert - Aderlass - Einlassung

Name:______________________ Datum: ________________

GRIPSFIT 20 (Lösungen)

1. Wie sehen wir hell ?

Das ist ein Spiel mit einem Trick. Deine Aufgabe: Versuche herauszubringen, wie dieser Trick funktioniert !

Sagt der Partner zum Beispiel 👓 in Reihe 3,4 und 5, so addiere ich die Zahlen der angegebenen Reihen in der 1. Spalte: 1 + 4 + 2 = 7. Ich suche das Feld mit der 7 und habe das richtige Zeichen.

2. Zahlenspiel

Hier sollen Zahlen von 1 bis 12 so auf die Kreise verteilt werden, dass sich auf jeder Geraden die Summe 25 ergibt.

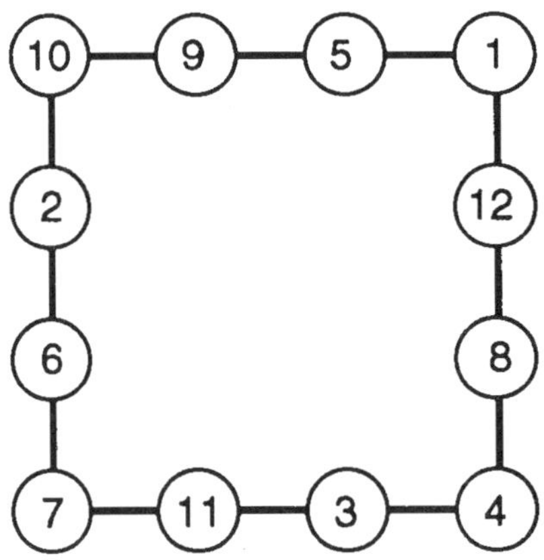

3. Hä, hä, hä !

In jedem Wort ist ein kleines, anderes Wort versteckt.
Die Anfangsbuchstaben der gefundenen Wörter sagen dir, was Luzigrips immer gerne haben möchte !

Sitz - Chef - Hub - Ast - Dung - Erste - Nebel - frei - Ren - Ehre - und - der - ein

SCHADENFREUDE

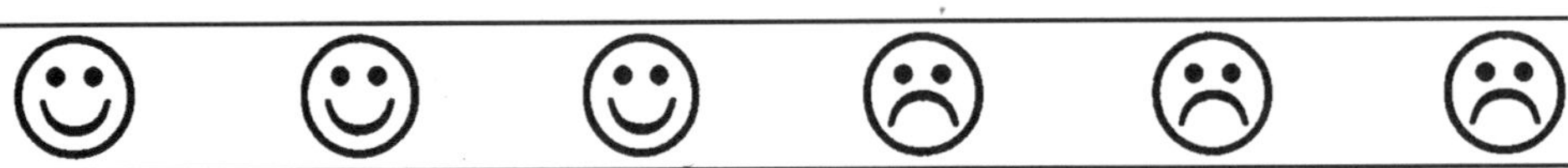

Name:____________________ Datum:________________

GRIPSFIT 21

1. Das totale Chaos !

Was geschieht, wenn Luzigrips Gartengeräte in den Schuppen räumt, sehen wir hier !
Wie viele und welche Gartengeräte sind es ?

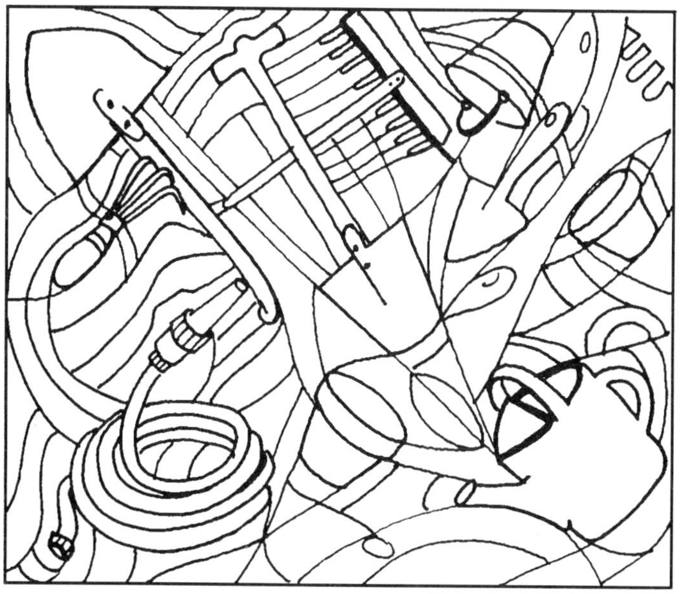

2. Wir zaubern mit Luzigrips

Mit drei geraden Strichen kann man aus diesem H zehn Dreiecke machen. Versuch´s !

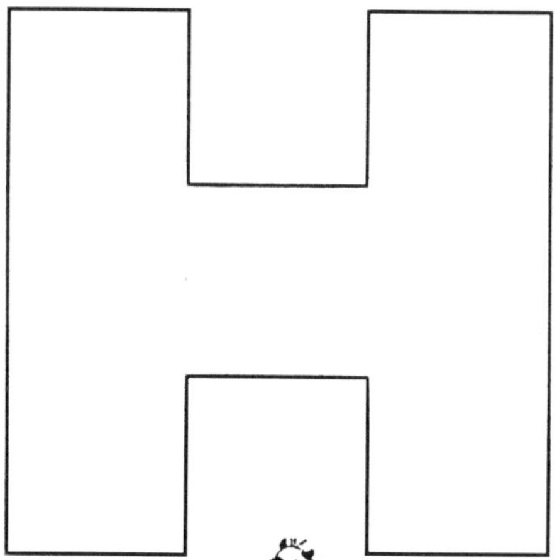

3. Zahlenpyramide mit Luzi !
Immer zwei nebeneinander stehende Zahlen ergeben zusammen die Zahl darüber.

4. Was ist das ?

Loch bei Loch und hält doch .

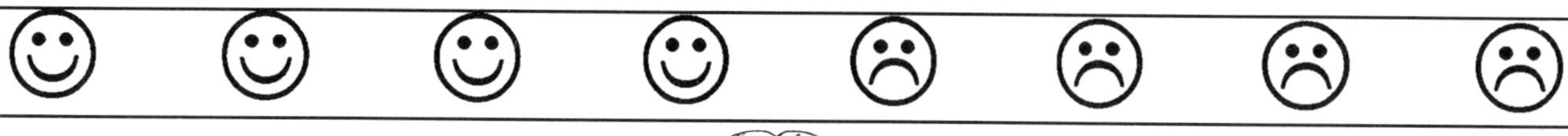

Name:____________________ Datum:______________

GRIPSFIT 21 (Lösungen)

1. Das totale Chaos !

Was geschieht, wenn Luzigrips Gartengeräte in den Schuppen räumt, sehen wir hier !
Wie viele und welche Gartengeräte sind es ?

Gartenschlauch
2 Schaufeln
Spaten
Harke
Gießkanne
Kübel
2 Blumentöpfe
Rechen

2. Wir zaubern mit Luzigrips

Mit drei geraden Strichen kann man aus diesem H zehn Dreiecke machen. Versuch´s !

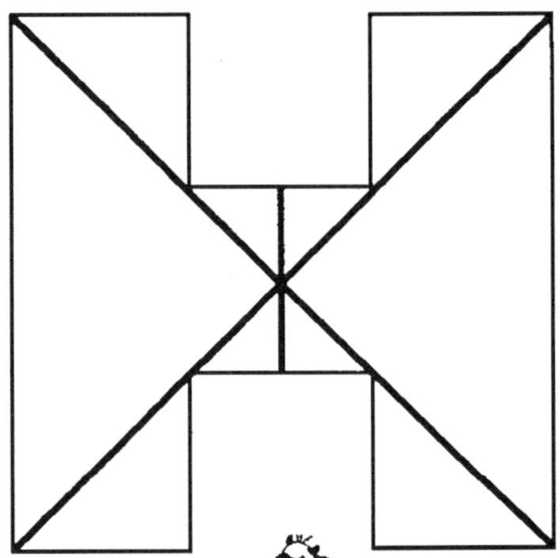

3. Zahlenpyramide mit Luzi !
Immer zwei nebeneinander stehende Zahlen ergeben zusammen die Zahl darüber.

87
44 43
22 22 21
14 8 14 7

4. Was ist das ?

Eine Kette

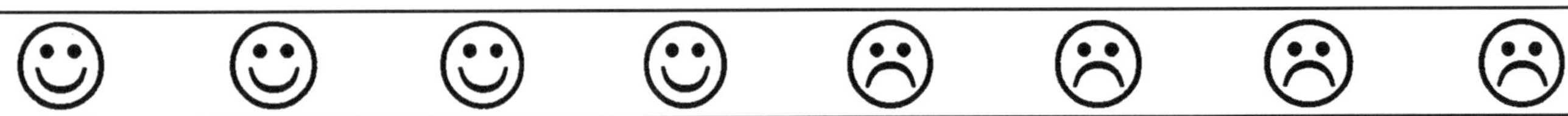

Name:____________________Datum:______________

GRIPSFIT 22

1. Kombiniere !

Hier siehst du drei verschiedene Kombinationen aus vier Zahlen. Wie muss die vierte Kombination aussehen, wenn keine Zahl zweimal auf dem gleichen Feld sitzen soll ?

3	0
8	1

1	3
0	8

8	1
3	0

2. Eine schwierige Fußballmannschaft !

Drei Spieler der Jugendmannschaft heißen mit Familiennamen Geltermeier, vier Bachhuber, zwei Stuckert und zwei Hirmer. Vier der Spieler haben den Vornamen Klaus, drei den Vornamen Walter und drei weitere Spieler heißen mit Vornamen Hugo. Der Mittelstürmer der Mannschaft hat den Vornamen Hans. Keine zwei Spieler dieser Mannschaft haben die gleichen Vor - und Nachnamen. Torhüter ist Walter Hirmer. Wie heißen die übrigen zehn Spieler der Mannschaft mit Vor- und Nachnamen ?

3. Schau auf die Hände !

Die Künstlerin zeichnete Hände, linke und rechte, richtige und falsche. Du kannst zählen:

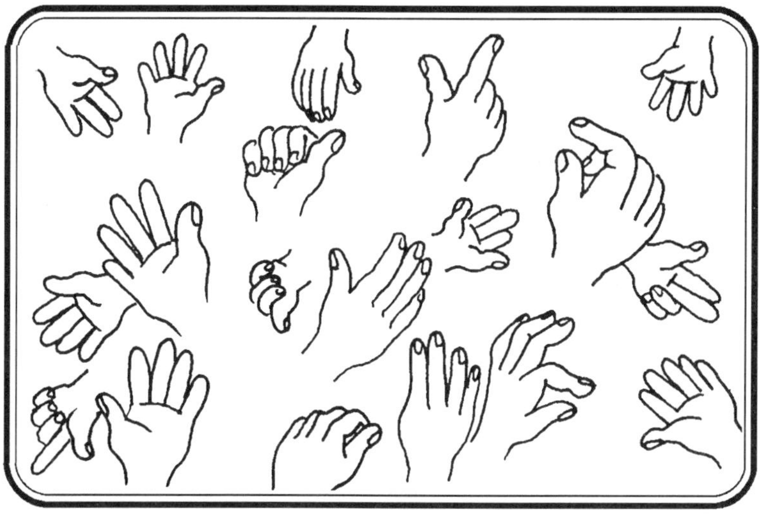

- linke
- rechte
- fehlerhafte

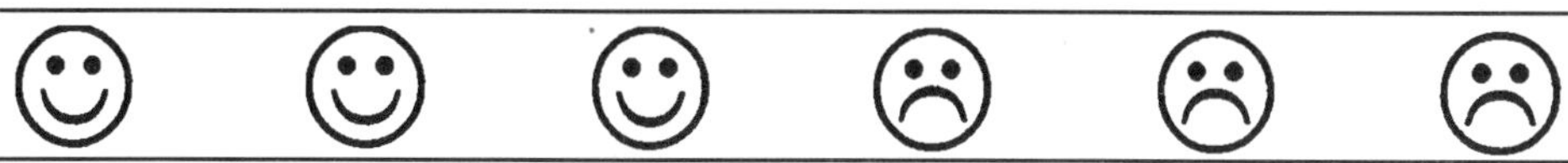

Name:____________________ Datum:_______________

GRIPSFIT 22 (Lösungen)

1. Kombiniere !

Hier siehst du drei verschiedene Kombinationen aus vier Zahlen. Wie muss die vierte Kombination aussehen, wenn keine Zahl zweimal auf dem gleichen Feld sitzen soll ?

3	0
8	1

1	3
0	8

8	1
3	0

0	8
1	3

2. Eine schwierige Fußballmannschaft !

Drei Spieler der Jugendmannschaft heißen mit Familiennamen Geltermeier, vier Bachhuber, zwei Stuckert und zwei Hirmer. Vier der Spieler haben den Vornamen Klaus, drei den Vornamen Walter und drei weitere Spieler heißen mit Vornamen Hugo. Der Mittelstürmer der Mannschaft hat den Vornamen Hans. Keine zwei Spieler dieser Mannschaft haben die gleichen Vor - und Nachnamen. Torhüter ist Walter Hirmer. Wie heißen die übrigen zehn Spieler der Mannschaft mit Vor- und Nachnamen ?

Torhüter: *Walter Hirmer*
Spieler: *Klaus Hirmer, Klaus Geltermeier, Klaus Bachhuber, Klaus Stuckert*
Hugo Geltermeier, Hugo Bachhuber, Hugo Stuckert
Walter Geltermeier, Walter Bachhuber
Mittelstürmer:Hans Bachhuber

3. Schau auf die Hände !

Die Künstlerin zeichnete Hände, linke und rechte, richtige und falsche. Du kannst zählen:

(5) linke
(9) rechte
(5) fehlerhafte

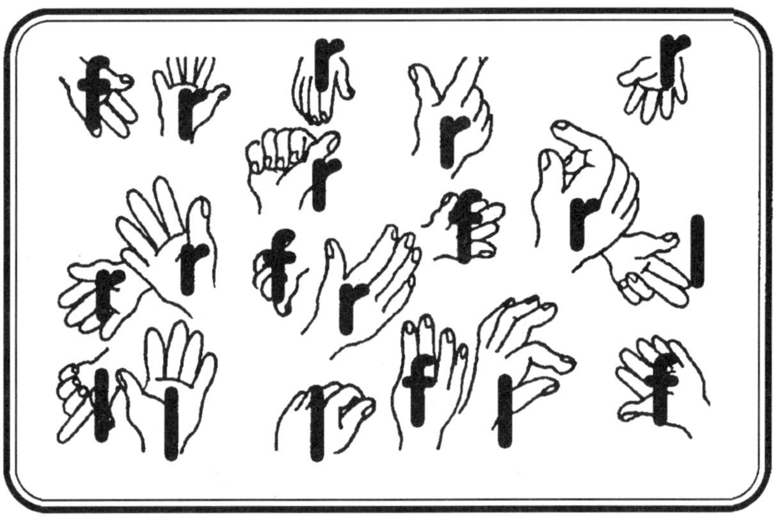

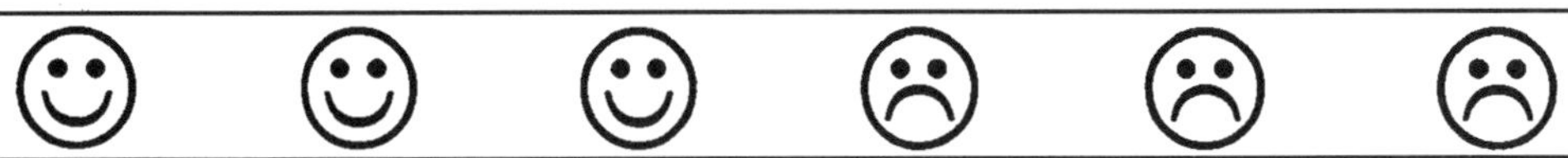

Name:______________________ Datum:________________

GRIPSFIT 23

1. One day, one place....

Vier Freunde, Josef Blumenfelder, Florian Waldinger, Thomas Schneider und Quirin Hirmer, verließen am Mittag des 2. Januar 1992 gleichzeitig den Spielplatz. Es ist bekannt, dass Josef alle vier Wochen zum Spielplatz kommt, Florian alle acht Wochen, Thomas alle zwölf Wochen und Quirin alle sechzehn Wochen. Wann trafen sich alle vier Freunde wieder am Spielplatz ?

2. Wortfeld ***Bauernhof***

Einundvierzig Begriffe zum Thema Bauernhof sind hier versteckt ! Wenn du alle gefunden und gestrichen hast, ergeben die Restbuchstaben einen Spruch ! Beachte, dass Buchstaben doppelt verwendet werden können

H	A	U	S	W	I	R	T	S	C	H	A	F	T	S	G	E	H	I	L	F	I	N	M
U	J	P	T	M	A	E	H	D	R	E	S	C	H	E	R	B	U	L	L	E	I	E	I
E	A	F	A	W	B	E	G	G	E	T	R	E	I	D	E	S	I	L	O	R	L	B	L
H	U	E	L	E	K	T	R	O	Z	A	U	N	E	K	E	U	K	E	E	K	W	O	C
N	C	R	L	G	S	H	O	R	T	S	S	E	H	R	E	I	N	U	A	E	E	K	H
E	H	D	U	H	E	U	S	T	A	D	E	L	O	R	S	P	E	N	E	L	I	E	K
R	E	E	N	H	A	H	P	R	K	G	B	E	F	C	F	A	L	N	E	H	D	N	A
E	W	K	G	O	I	C	U	E	S	H	A	A	H	L	B	A	E	V	T	R	E	I	N
B	A	O	E	F	R	E	T	T	U	F	N	E	U	R	G	B	E	Z	I	E	G	E	N
L	G	P	N	A	U	E	E	T	A	R	U	G	N	E	S	C	H	A	F	E	N	W	E
E	E	P	A	L	S	E	R	U	H	N	I	N	D	S	R	O	T	K	A	R	T	H	A
A	N	E	R	M	E	R	E	F	E	L	D	A	R	B	E	I	T	E	R	D	E	C	L
K	M	L	E	B	A	G	U	E	H	A	M	I	S	T	H	A	U	F	E	N	N	S	N

3. Häufig sieben !

Wie kann man mit 6 mal der Sieben 100 erhalten ?

4. Zum Schluss: Ein Rebus !

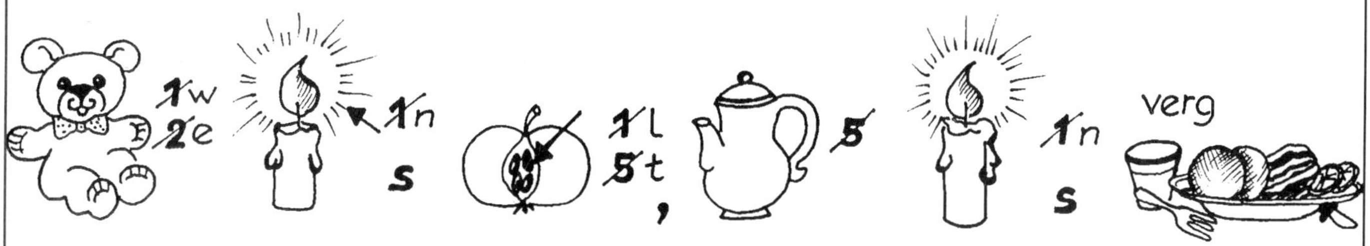

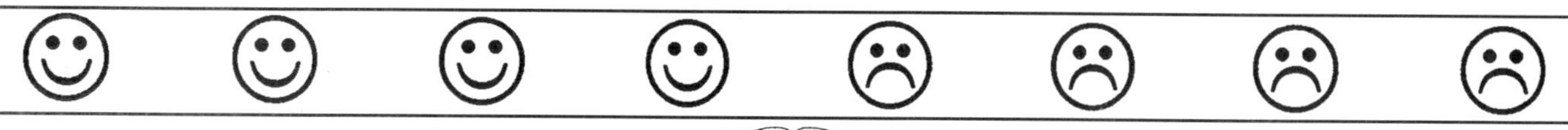

Name:____________________ Datum:______________

GRIPSFIT 23 (Lösungen)

1. One day, one place....

Vier Freunde, Josef Blumenfelder, Florian Waldinger, Thomas Schneider und Quirin Hirmer, verließen am Mittag des 2. Januar 1992 gleichzeitig den Spielplatz. Es ist bekannt, dass Josef alle vier Wochen zum Spielplatz kommt, Florian alle acht Wochen, Thomas alle zwölf Wochen und Quirin alle sechzehn Wochen. Wann trafen sich alle vier Freunde wieder am Spielplatz ?

Kleinstes gemeinsames Vielfaches von 4, 8, 12 und 16 ist 48. Die Freunde trafen sich also nach 48 Wochen am Spielplatz wieder. Das war der 4. Dezember 1992.

2. Wortfeld ***Bauernhof***

Einundvierzig Begriffe zum Thema Bauernhof sind hier versteckt! Wenn du alle gefunden und gestrichen hast, ergeben die Restbuchstaben einen Spruch! Beachte, dass Buchstaben doppelt verwendet werden können.

Besser ein reichen Bauer als ein armer Edelmann

H	A	U	S	W	I	R	T	S	C	H	A	F	T	S	G	E	H	I	L	F	I	N	M
U	J	P	T	M	A	E	H	D	R	E	S	C	H	E	R	B	U	L	L	E	I	E	I
E	A	F	A	W	B	E	G	G	E	T	R	E	I	D	E	S	I	L	O	R	L	B	L
H	U	E	L	E	K	T	R	O	Z	A	U	N	E	K	E	U	K	E	E	K	W	O	C
N	C	R	L	G	S	H	O	R	T	S	S	E	H	R	E	I	N	U	A	E	E	K	H
E	H	D	U	H	E	U	S	T	A	D	E	L	O	R	S	P	E	N	E	L	I	E	K
R	E	E	N	H	A	H	P	R	K	G	B	E	F	C	F	A	L	N	E	H	D	N	A
E	W	K	G	O	I	C	U	E	S	H	A	A	H	L	B	A	E	V	T	R	E	I	N
B	A	O	E	F	R	E	T	T	U	F	N	E	U	R	G	B	E	Z	I	E	G	E	N
L	G	P	N	A	U	E	E	T	A	R	U	G	N	E	S	C	H	A	F	E	N	W	E
E	E	P	A	L	S	E	R	U	H	N	I	N	D	S	R	O	T	K	A	R	T	H	A
A	N	E	R	M	E	R	E	F	E	L	D	A	R	B	E	I	T	E	R	D	E	C	L
K	M	L	E	B	A	G	U	E	H	A	M	I	S	T	H	A	U	F	E	N	N	S	N

3. Häufig sieben !

(777 - 77) : 7

4. Zum Schluss: Ein Rebus !

WER NICHTS LERNT, KANN NICHTS VERGESSEN

Name:____________________ Datum:______________

GRIPSFIT 24

1. Ein Kreuz mit den Zahlen !

Trage die Zahlen von eins bis zehn so ein, dass im markierten Mittelfeld eine weitere Zahl erscheint !

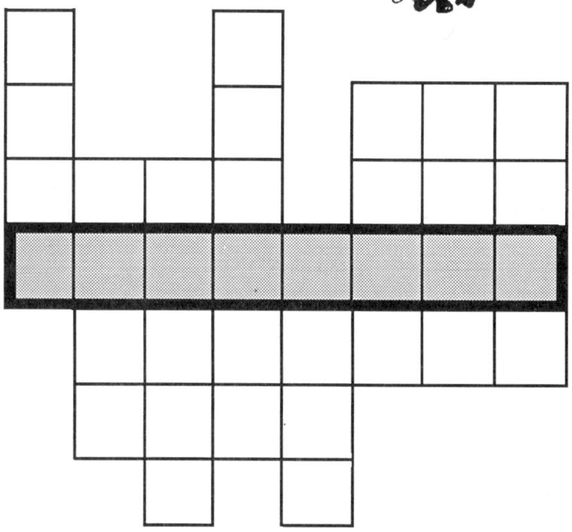

2. Eine Kleckserei !

Luzigrips hat die Tischdecke mit Ketchup - Klecksen versaut. Zwei dieser Kleckse sind völlig gleich !

3. Stellt euch auf !

Welchen Buchstaben muss Luzigrips bekommen, damit er in die Reihe passt ?

4. Bist du parallel ? Welche zwei Geraden liegen hier zueinander parallel ?

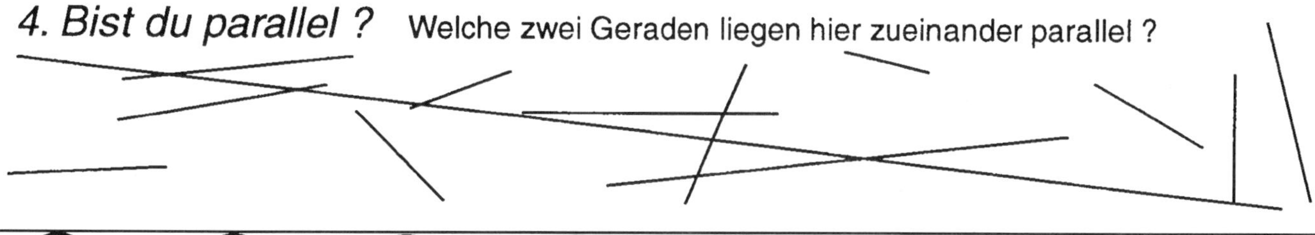

Name:____________________Datum:_______________

GRIPSFIT 24 (Lösungen)

1. Ein Kreuz mit den Zahlen !

Trage die Zahlen von eins bis zehn so ein, dass im markierten Mittelfeld eine weitere Zahl erscheint !

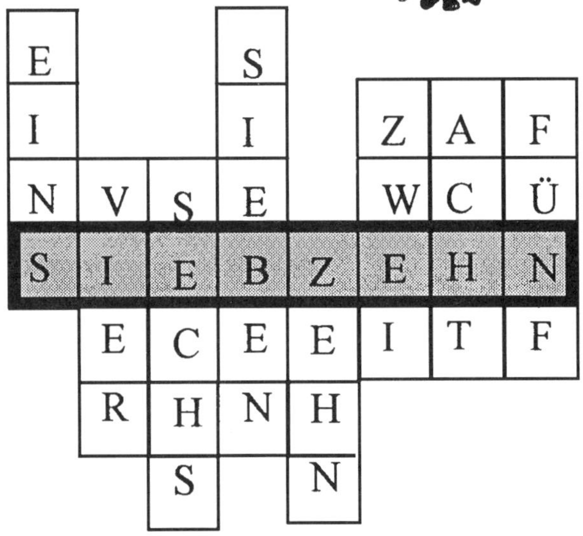

2. Eine Kleckserei !

Luzigrips hat die Tischdecke mit Ketchup - Klecksen versaut. Zwei dieser Kleckse sind völlig gleich !

3. Stellt euch auf !

Welchen Buchstaben muss Luzigrips bekommen, damit er in die Reihe passt ?

4. Bist du parallel ? Welche zwei Geraden liegen hier zueinander parallel ?

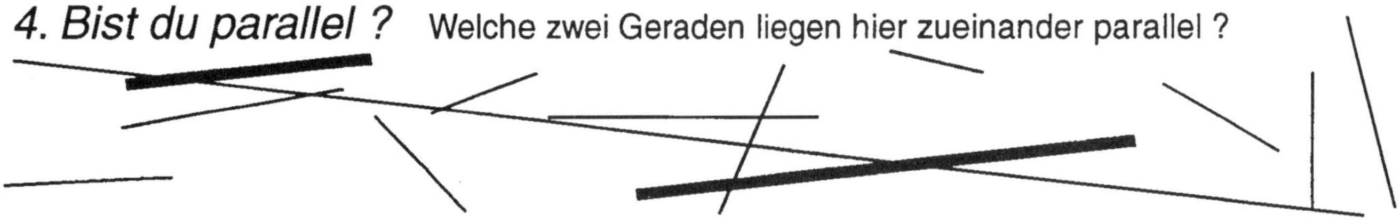

Name:____________________ Datum:________________

GRIPSFIT 25

1. Wohin denn nur ?

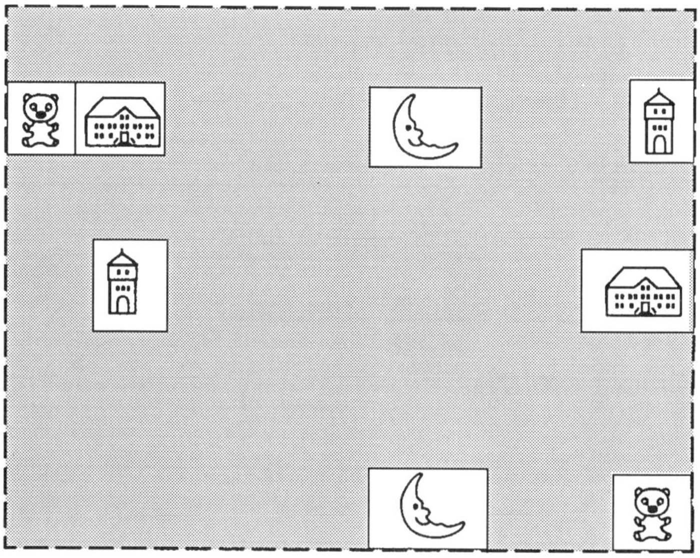

Verbinde die gleichen Dinge mit jeweils einer Linie - aber so, dass die Linien einander nicht kreuzen !

2. Luzigrips hat einen Dickschädel....

....und läuft sogar durch Mauern !

Wie viele Ziegelsteine fehlen denn hier in der Mauer ?

3. Wir tauschen !

Tausche in diesen Wörtern jeweils einen Buchstaben so aus, dass neue Wörter entstehen. Die neuen Buchstaben sagen dir - hintereinander gelesen, wie lange du zu dieser Aufgabe gebraucht hast !

Messe - Rinde - Wanze - Schlummer - Weide - Trauer - Schwips - Schrott - Barke - Klinge

4. Ganz, ganz kurz !

Versuche, ein rechteckiges Stück Papier, das doppelt so lang ist wie breit, mit drei Schnitten in acht gleich große Quadrate zu zerschneiden ! (Aber nicht dieses Blatt hier !)

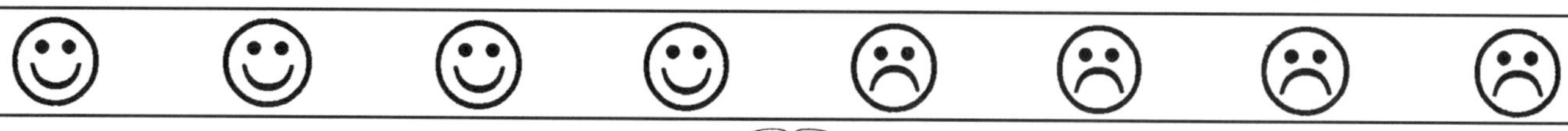

Name:____________________Datum:______________

GRIPSFIT 25 (Lösungen)

1. Wohin denn nur ?

Verbinde die gleichen Dinge mit jeweils einer Linie - aber so, dass die Linien einander nicht kreuzen !

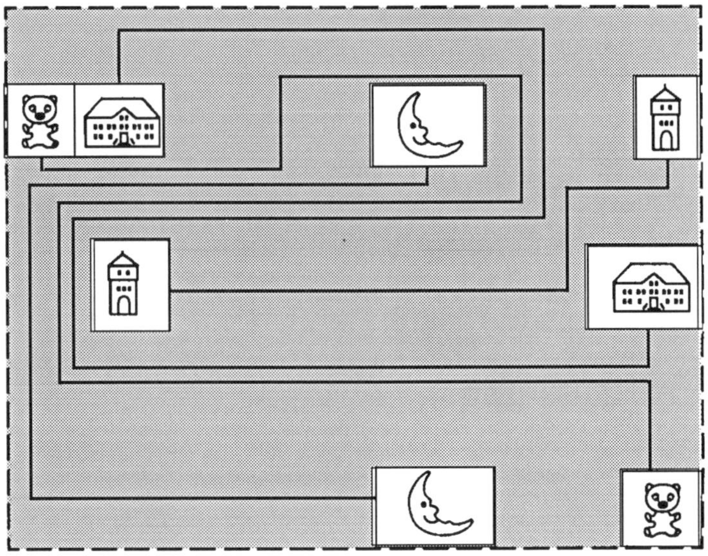

2. Luzigrips hat einen Dickschädel....

....und läuft sogar durch Mauern ! Wie viele Ziegelsteine fehlen denn hier in der Mauer ?

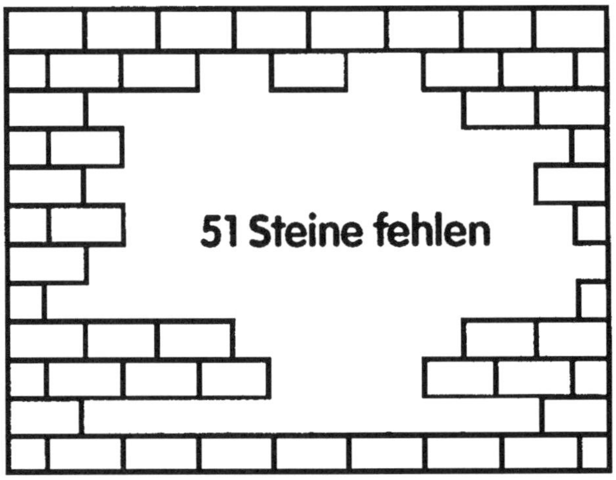

3. Wir tauschen !

Tausche in diesen Wörtern jeweils einen Buchstaben so aus, dass neue Wörter entstehen. Die neuen Buchstaben sagen dir - hintereinander gelesen, wie lange du zu dieser Aufgabe gebraucht hast !

Masse - Runde - Wange - Schlemmer - Wende - Traber - Schlips - Schritt - Backe - Klinke AUGENBLICK

4. Ganz, ganz kurz !

1.Schnitt: Rechteck in 2 gleiche Teile; 2.Schnitt: Beide Stücke aufeinander gelegt in 4 gleiche Teile (Rechtecke) ; 3.Schnitt: Alle 4 Stücke aufeinander gelegt in 8 gleiche Teile (Quadrate)

Name:____________________ Datum:_______________

GRIPSFIT 26

1. Unterwegs im Luzipark !

Du wanderst durch den Luzipark. Dabei möchtest du durch alle Wege gehen, aber jeden Weg nur einmal betreten und an keiner Stelle kreuzen.

2. Spiel auf Zeit

Im Kasten stehen die Buchstaben des Alphabets von A bis Z . Leider fehlen einige Buchstaben. Welche sind das ?

Wer löst diese Aufgabe am schnellsten ?

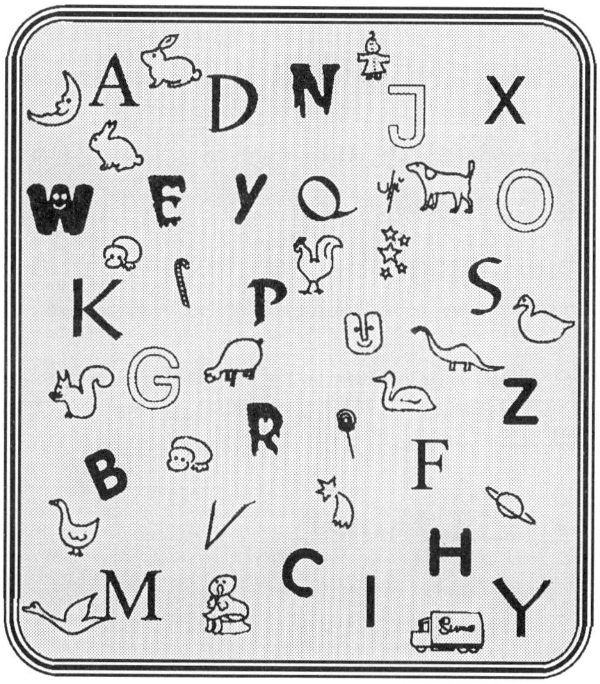

3. Weg da !

In jeder Reihe steckt ein Wort, das da nicht hingehört ! Mit dem Lösungswort spielst du gerne. Du erhältst es, wenn du die Anfangsbuchstaben der entfernten Wörter der Reihe nach liest !

Ente - Fuchs - Gans - Huhn
Flöte - Klarinette - Laute - Posaune
Däne - Inder - Norweger - Schwede
Pauke - Pfeife - Schlagzeug - Trommel
Armband - Kette - Ohrring - Perle
Eibe - Eiche - Kiefer - Tanne
Rat - Rüge - Tadel - Verweis

Name: ____________________ Datum: ______________

GRIPSFIT 26 (Lösungen)

1. Unterwegs im Luzipark !

Du wanderst durch den Luzipark. Dabei möchtest du durch alle Wege gehen, aber jeden Weg nur einmal betreten und an keiner Stelle kreuzen.

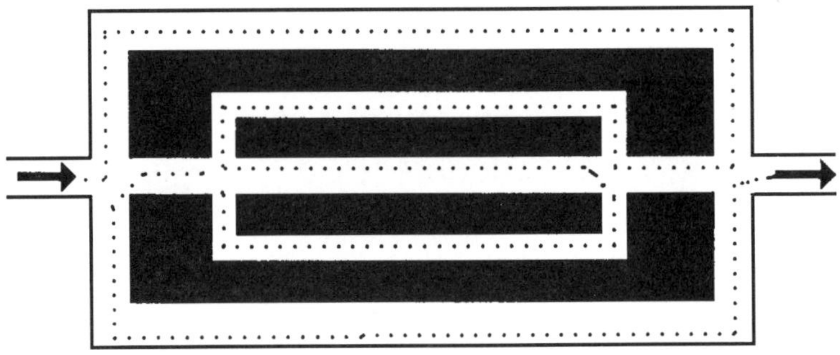

2. Spiel auf Zeit

Im Kasten stehen die Buchstaben des Alphabets von A bis Z . Leider fehlen einige Buchstaben. Welche sind das ?
Wer löst diese Aufgabe am schnellsten ?

L und T fehlen

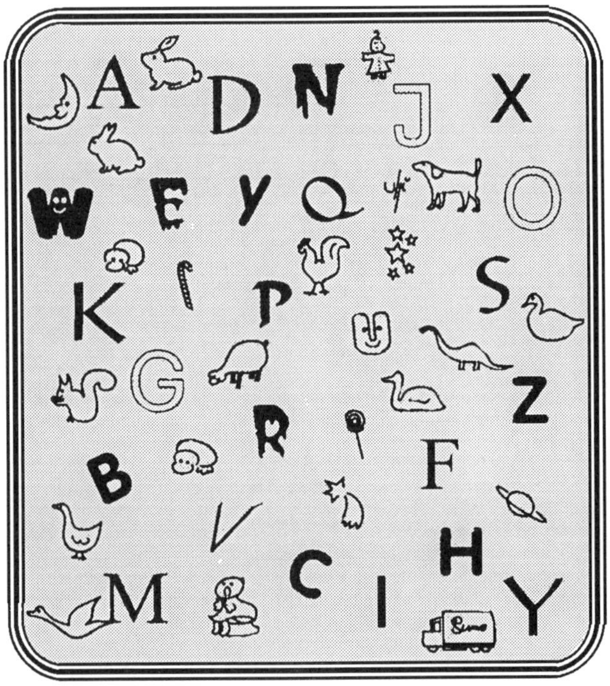

3. Weg da !

In jeder Reihe steckt ein Wort, das da nicht hingehört ! Mit dem Lösungswort spielst du gerne. Du erhältst es, wenn du die Anfangsbuchstaben der entfernten Wörter der Reihe nach liest !

FLIPPER

Ente - ~~Fuchs~~ - Gans - Huhn
Flöte - Klarinette - ~~Laute~~ - Posaune
Däne - ~~Inder~~ - Norweger - Schwede
Pauke - ~~Pfeife~~ - Schlagzeug - Trommel
Armband - Kette - Ohrring - ~~Perle~~
Eibe - ~~Eiche~~ - Kiefer - Tanne
~~Rat~~ - Rüge - Tadel - Verweis

Name:____________________Datum:______________

GRIPSFIT 27

1. Ein rätselhaftes Weihnachtsgeschenk !

Zehntausend Mark wurden kurz vor dem Weihnachtsfest auf Luzigrips´ Bankkonto eingezahlt. Der Einzahlungsbeleg enthielt seltsame Zeichen. Und so wusste Luzi nicht, wer einzahlte und welche Botschaft ihm mitgeteilt wurde. Hilf ihm beim Entschlüsseln !

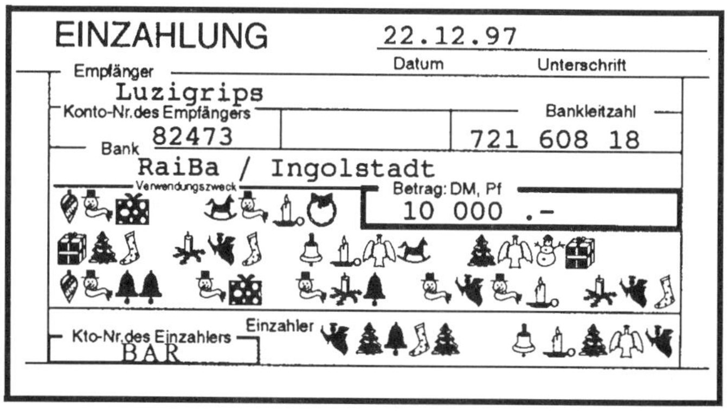

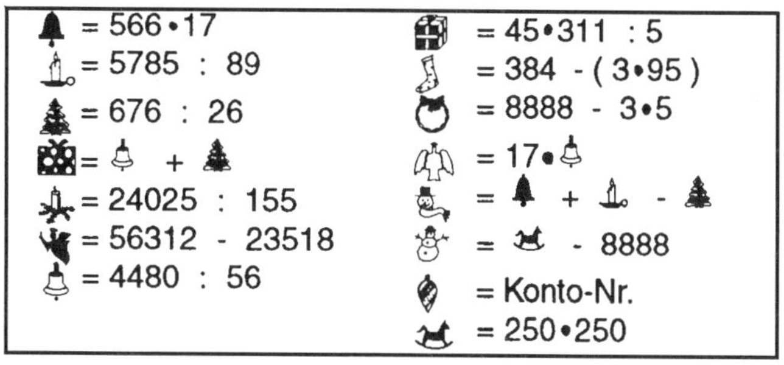

A = 26	B = 36195	C = 53612	D = 8873	E = 9661	F = 72160
G = 62500	H = 2799	I = 155	J = 156	K = 80	L = 65	M = 44445
N = 9622	O = 63500	P = 23	Q = 66	R = 106	S = 32794
T = 99	U = 1360	V = 1358	W = 82473	X = 221297	Y = 95577
Z = 0					

2. Mit Luzigrips beim Sockensammeln !

Welchen Weg muss Luzigrips wählen, damit er alle Socken erwischt ? Der Weg darf jedoch nicht ein einziges Mal überkreuzt und keine Socke zweimal berührt werden !

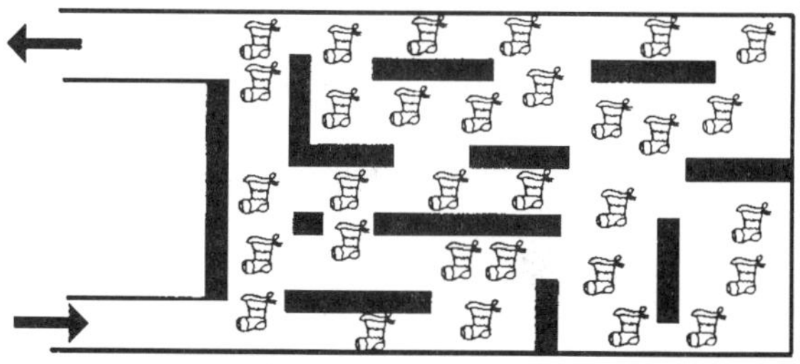

3. Luzigrips ist Europäer....

....doch mit den Städtenamen hat er´s nicht so ! Hier hat er innerhalb der einzelnen Worte die Buchstaben kräftig durcheinandergewürfelt !

ENIW LINERB HOCKSTOLM
DONNOL RAPIS DARIMD
ORM SOLO HANET

4. Immer drei

Setze jedem der angegebenen Wörter eine der Silben vor, so dass neue, sinnvolle Wörter entstehen. Die Anfangsbuchstaben nennen dir ein Rasenspiel.

MAUER HAGEL ALPEN MÄRE
HEIM HAKEN HAUS

CHI EIS KAI KUR OST REH TEE

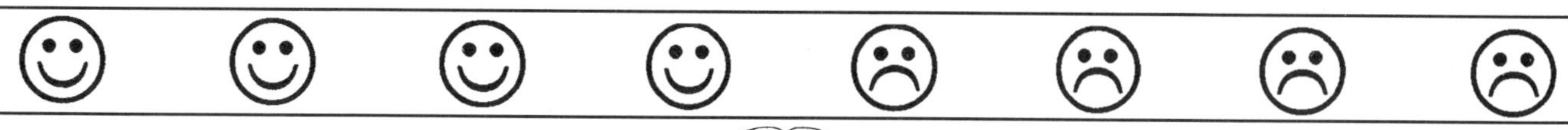

Name:____________________Datum:________________

GRIPSFIT 27 (Lösungen)

1. Ein rätselhaftes Weihnachtsgeschenk !

Zehntausend Mark wurden kurz vor dem Weihnachtsfest auf Luzigrips´ Bankkonto eingezahlt. Der Einzahlungsbeleg enthielt seltsame Zeichen. Und so wusste Luzi nicht, wer einzahlte und welche Botschaft ihm mitgeteilt wurde. Hilf ihm beim Entschlüsseln !

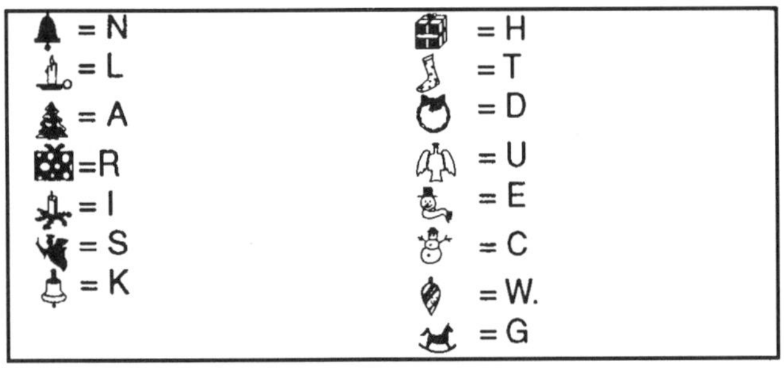

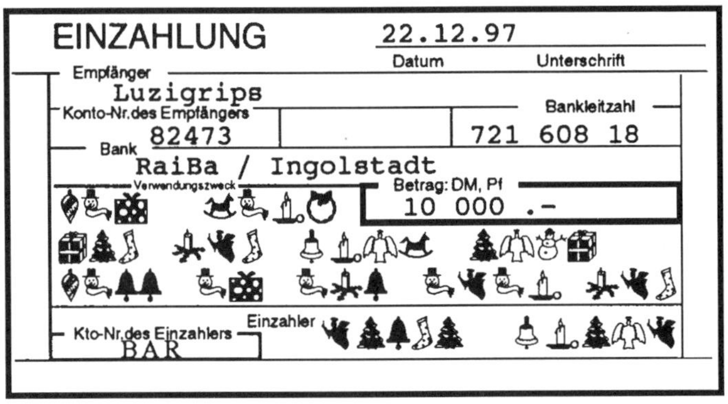
EINZAHLUNG 22.12.97
Datum Unterschrift
Empfänger Luzigrips
Konto-Nr. des Empfängers 82473
Bankleitzahl 721 608 18
Bank RaiBa / Ingolstadt
Verwendungszweck
Betrag: DM, Pf 10 000 .-
Kto-Nr. des Einzahlers BAR
Einzahler

BOTSCHAFT:
Wer Geld hat, ist klug, auch wenn er ein Esel ist.

EINZAHLER: Santa Klaus

2. Mit Luzigrips beim Sockensammeln !

Welchen Weg muss Luzigrips wählen, damit er alle Socken erwischt ? Der Weg darf jedoch nicht ein einziges Mal überkreuzt und keine Socke zweimal berührt werden !

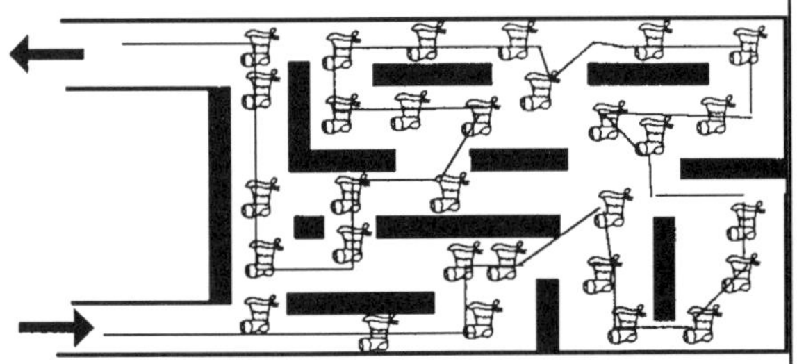

3. Luzigrips ist Europäer....

....doch mit den Städtenamen hat er´s nicht so ! Hier hat er innerhalb der einzelnen Worte die Buchstaben kräftig durcheinandergewürfelt !

WIEN BERLIN STOCKHOLM
LONDON PARIS MADRID
ROM OSLO ATHEN

4. Immer drei

Setze jedem der angegebenen Wörter eine der Silben vor, so dass neue, sinnvolle Wörter entstehen. Die Anfangsbuchstaben nennen dir ein Rasenspiel.

Kaimauer, Rehhagel, Ostalpen, Chimäre, Kurheim, Eishaken, Teehaus

KROCKET

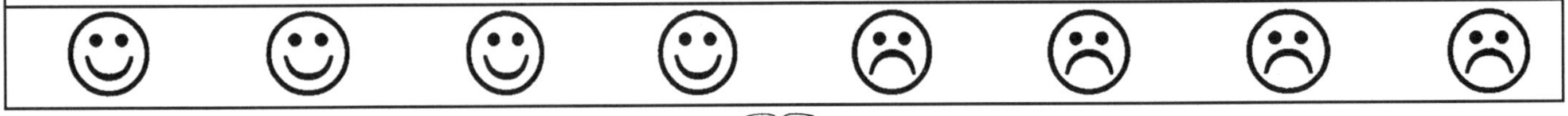

Name:____________________Datum:______________

GRIPSFIT 28

1. In einem Zug ! ?

Luzigrips möchte seine Haustiere einzäunen, und zwar so, wie die Zeichnung es zeigt. Einschränkungen: Der Zaun muss in einem Zug, ohne Unterbrechung, aufgebaut werden, und er darf sich nicht überschneiden. Wie soll Luzigrips das machen ?

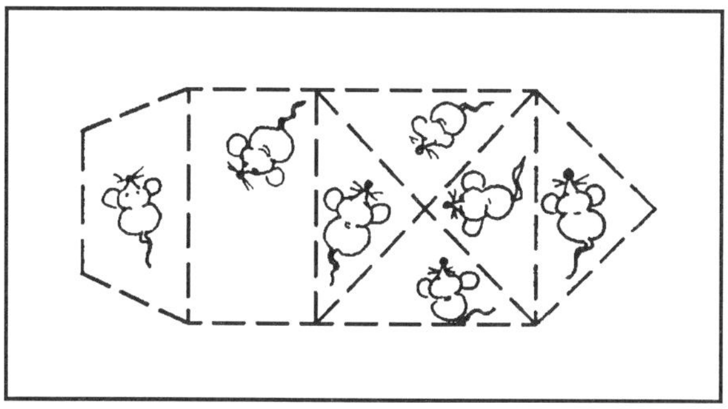

2. Und noch ein Zug !

Welche Scheiben müssen bewegt werden, wenn die Lokomotive bei C (Pfeil) herausfahren möchte ?

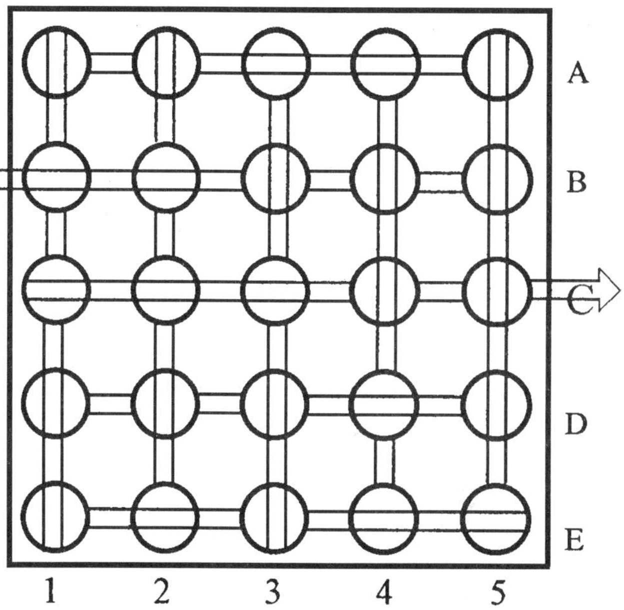

3. Visitenkarte mit Beruf

Stelle die Buchstaben dieser Visitenkarte um, und du kennst den Beruf von Uschi !

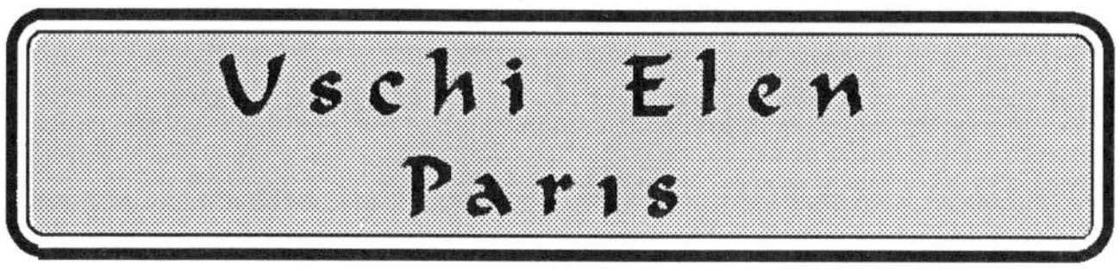

4. Denken und zerlegen

Durch Satzzeichen und Worttrennung machst du folgenden Satz richtig:

Zehn Finger habe ich an jeder Hand,
fünfundzwanzig an Händen und Füßen.

Name:____________________ Datum:________________

GRIPSFIT 28 (Lösungen)

1. In einem Zug ! ?

Luzigrips möchte seine Haustiere einzäunen, und zwar so, wie die Zeichnung es zeigt. Einschränkungen: Der Zaun muss in einem Zug, ohne Unterbrechung, aufgebaut werden, und er darf sich nicht überschneiden. Wie soll Luzigrips das machen ?

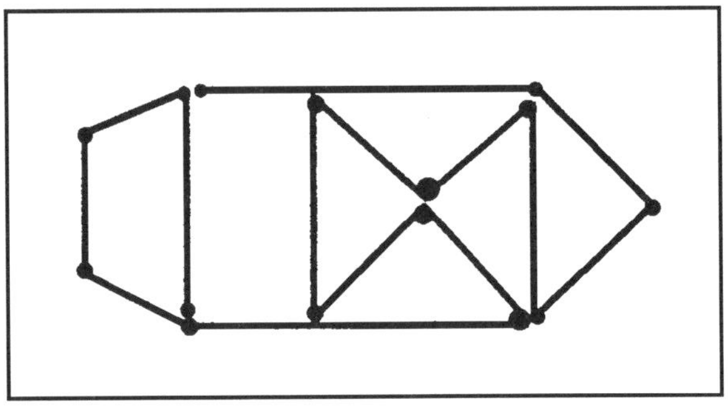

2. Und noch ein Zug !

Welche Scheiben müssen bewegt werden, wenn die Lokomotive bei C (Pfeil) herausfahren möchte ?

B2 - A2 - A4 - C4 - C3 - E3 - E5 - C5

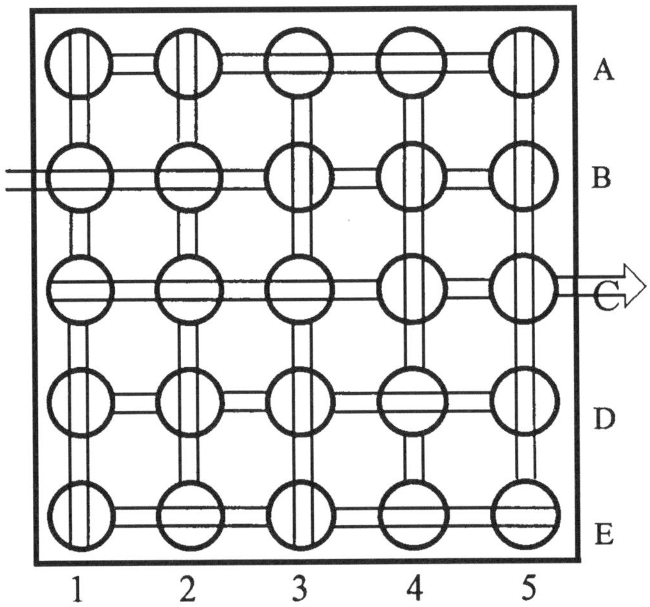

3. Visitenkarte mit Beruf

Stelle die Buchstaben dieser Visitenkarte um, und du kennst den Beruf von Uschi !

Schauspielerin

4. Denken und zerlegen

Durch Satzzeichen und Worttrennung machst du folgenden Satz richtig:

Zehn Finger habe ich , an jeder Hand fünf | und | zwanzig an Händen und Füßen.

Name: ____________________ Datum: ______________

GRIPSFIT 29

1. Höllisch viel Geld ?

Luzigrips macht dir ein teuflisches Angebot: Du setzt dich vor einen Berg von 1 DM - Münzen und beginnst, sie zu zählen - jede Sekunde 1 Markstück. Wenn du dieses Zählen ohne Unterbrechung 11 Tage, 13 Stunden, 46 Minuten und 40 Sekunden lang durchhältst, dann gehört das gezählte Geld dir !

a) Schaffst du das ?

b) Wie viel Geld hast du nach diesem Zeitraum gezählt ? Schätze zuerst !

2. Ein seltsamer Flaschenzug !

Schau mal, was Luzigrips hier mit dem komplizierten Flaschenzug nach oben zieht ! Wie viele Rollen drehen sich nach rechts (im Uhrzeigersinn) und wie viele nach links (gegen den Uhrzeigersinn) ?

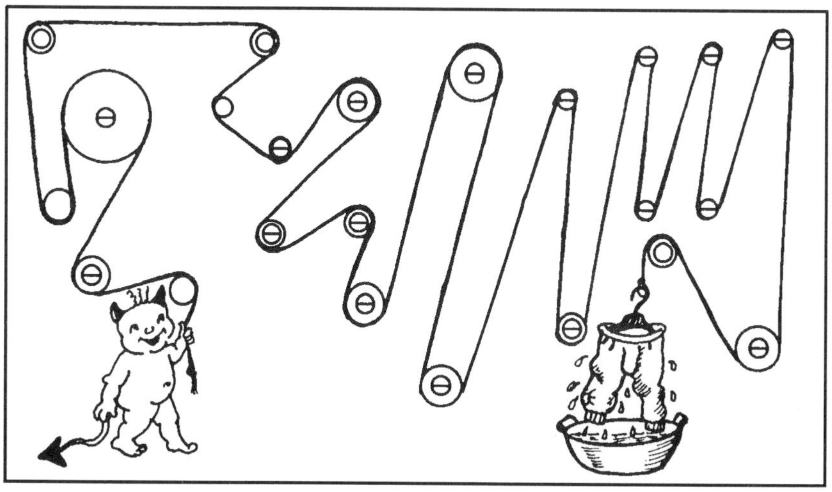

3. Gute Verhältnisse !

Ich wohne im Haus. Der Vogel wohnt im Nest. Man kann also sagen:

Ich : Haus = Vogel : Nest (: = verhält sich zu)

Tag : Stunde = Ganzes : ______________

Zug : Fahrplan = ______________ : Stundenplan

Sonne : Wärme = ______________ : Nässe

Schüler : Lehrer = ______________ : lehren

Teich : Ufer = Seite : ______________

Baum : Wurzel = Haus : ______________

Stoff : Kleid = ______________ : Kuchen

______________ : weinen = Freude : lachen

______________ : Butter = Korn : Mehl

Tier : Käfig = Mensch : ______________

Name:_____________________ Datum:_______________

GRIPSFIT 29 (Lösungen)

1. Höllisch viel Geld ?

Luzigrips macht dir ein teuflisches Angebot: Du setzt dich vor einen Berg von 1 DM - Münzen und beginnst, sie zu zählen - jede Sekunde 1 Markstück. Wenn du dieses Zählen ohne Unterbrechung 11 Tage, 13 Stunden, 46 Minuten und 40 Sekunden lang durchhältst, dann gehört das gezählte Geld dir !

a) Schaffst du das ?

b) Wie viel Geld hast du nach diesem Zeitraum gezählt ? Schätze zuerst !

Genau 1 000 000 DM !

2. Ein seltsamer Flaschenzug !

Schau mal, was Luzigrips hier mit dem komplizierten Flaschenzug nach oben zieht ! Wie viele Rollen drehen sich nach rechts (im Uhrzeigersinn) und wie viele nach links (gegen den Uhrzeigersinn) ?

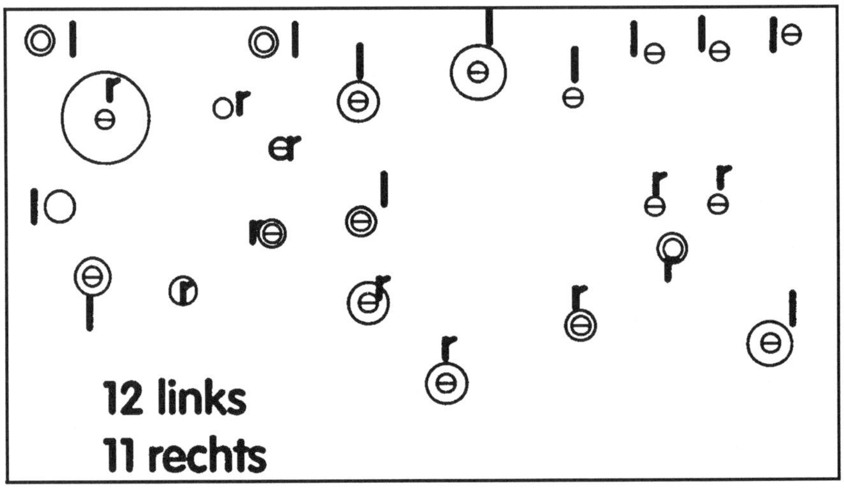

3. Gute Verhältnisse !

Ich wohne im Haus. Der Vogel wohnt im Nest. Man kann also sagen:

Ich : Haus = Vogel : Nest (: = verhält sich zu)

Tag : Stunde = Ganzes : Teil	Baum : Wurzel = Haus : Keller
Zug : Fahrplan = Schule : Stundenplan	Stoff : Kleid = Teig : Kuchen
Sonne : Wärme = Regen : Nässe	Trauer (Ärger) : weinen = Freude : lachen
Schüler : Lehrer = lernen : lehren	Milch : Butter = Korn : Mehl
Teich : Ufer = Seite : Rand	Tier : Käfig = Mensch : Haus (....)

Name:____________________ Datum:______________

GRIPSFIT 30

1. Verhexte Luziquadrate

Versuch doch mal, diese Quadrate mit nur einem einzigen Strich - ohne abzusetzen - nachzuzeichnen !

(Ein Tipp: Beginne zum Beispiel bei • !)

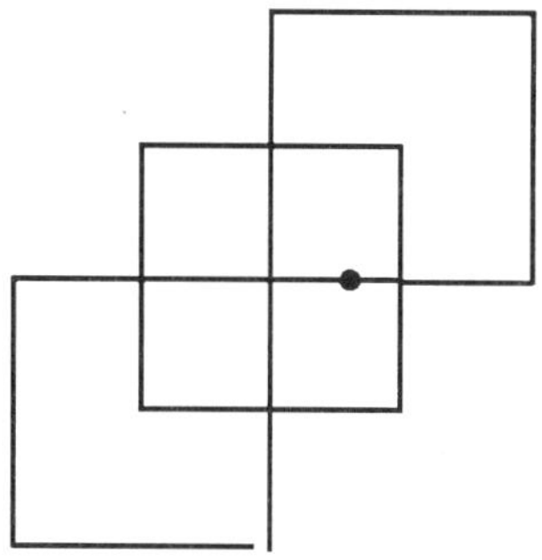

2. Irgendwann....

....treffen sie sich wieder ! Aber von vorne: Die Sudetenstraße wird kanalisiert. Am 1. Juli sind dazu anwesend: Der Baggerfahrer, der LKW -Fahrer, drei Rohreverleger, der Chef der Baufirma, der Stadtbaumeister und ein Vermesser. Vom 1. Juli an erscheint der Vermesser alle 8 Tage in der Sudetenstraße, der Stadtbaumeister alle 5 Tage, der Chef alle 2 Tage, die Rohreverleger alle 3 Tage, der LKW - Fahrer alle 4 Tage. Der fleißige Baggerfahrer ist jeden Tag da ! Wann treffen sich alle acht Leute wieder in der Sudetenstraße ?

3. Lustiges Balkenschieben

Drei Sportarten kannst du lesen, wenn du diese Balken richtig verlegst!

1	2	3	4	5
AM	EN	FK	FU	PF
RU	CH	SP	HO	NG
BA	SS	ER	WA	LL

4. Feuergefährlich !

Nur zwei Hölzer sollen hier umgelegt werden, damit zwei Quadrate entstehen !

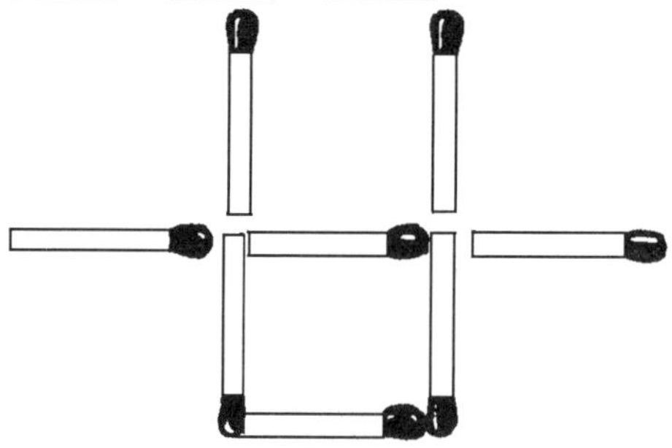

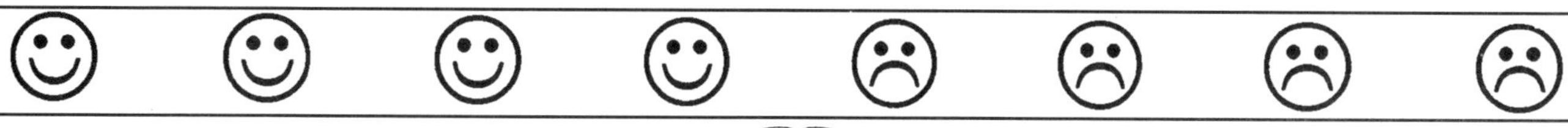

Name: ______________________ Datum: ________________

GRIPSFIT 30 (Lösungen)

1. Verhexte Luziquadrate

Versuch doch mal, diese Quadrate mit nur einem einzigen Strich - ohne abzusetzen - nachzuzeichnen !

(Ein Tipp: Beginne zum Beispiel bei • !)

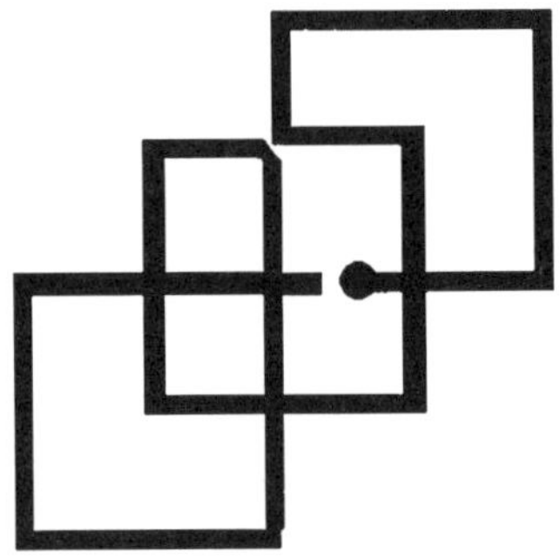

2. Irgendwann....

....treffen sie sich wieder ! Aber von vorne: Die Sudetenstraße wird kanalisiert. Am 1. Juli sind dazu anwesend: Der Baggerfahrer, der LKW -Fahrer, drei Rohreverleger, der Chef der Baufirma, der Stadtbaumeister und ein Vermesser. Vom 1. Juli an erscheint der Vermesser alle 8 Tage in der Sudetenstraße, der Stadtbaumeister alle 5 Tage, der Chef alle 2 Tage, die Rohreverleger alle 3 Tage, der LKW - Fahrer alle 4 Tage. Der fleißige Baggerfahrer ist jeden Tag da ! Wann treffen sich alle acht Leute wieder in der Sudetenstraße ?

Das kleinste gemeinsame Vielfache aus 8, 5, 2, 3, 4 und 1 Tag ist 120 Tage. D.h. nach 120 Tagen sind alle acht Leute wieder dort versammelt. Das ist am 29. Oktober.

3. Lustiges Balkenschieben

Drei Sportarten kannst du lesen, wenn du diese Balken richtig verlegst!

4	2	3	1	5
FU	EN	FK	AM	PF
HO	CH	SP	RU	NG
WA	SS	ER	BA	LL

4. Feuergefährlich !

Nur zwei Hölzer sollen hier umgelegt werden, damit zwei Quadrate entstehen !

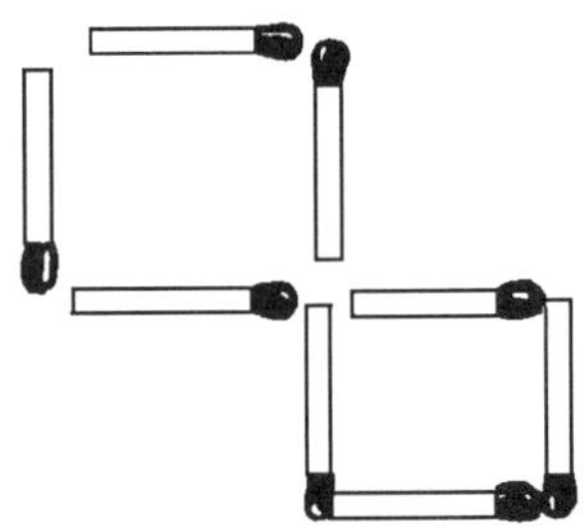

LITERATURHINWEISE

Aus der Fülle von Rätselheften und - büchern seien hier die wichtigsten, d.h. die für dieses Heft hilfreichsten Werke genannt:

Lehmann, Johannes: 2 mal 3 plus Spaß dabei, Köln 1990

Kirsch & Korn: Großes Rätselraten, Ravensburg 1990

Krüger, Eberhard: Gigantischer Ratespaß, Niedernhausen 1995

Krüger, Eberhard: Neue Quiz- und Knobelaufgaben, Köln 1994

Fix und Foxi, Kluge Köpfchen: Knifflige Rätselkiste, Rastatt 1992

Fix und Foxi, Kluge Köpfchen: Quiz - und Knobelspaß, Rastatt 1992

Tyler, Jenny u.a.: Rätsel-, Knobel- Denkspielbuch, Ravensburg 1982

Karoli, Anna: Riesen-Rätselbuch, Ravensburg 1991

Rätselspaß für fixe Rater, Lübeck 1992

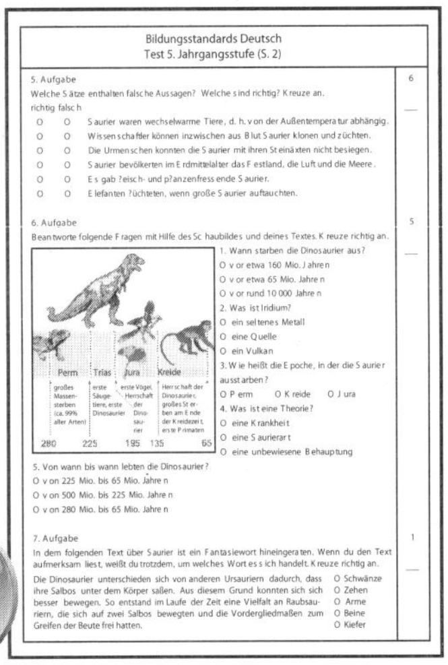

Testinhalte Mathematik:

- Zahlen und Operationen: Grundrechenarten, schriftliches Rechnen, Zahlenfolgen, Rechenfragen, Zahlenbäume, Brüche
- Größen und Messen: Längen-, Flächen-, Körpermaße, Gewichte, Zeit, Geld
- Raum und Form wie z. B. Flächen, Körper, Symmetrie, Verschiebungen, Drehungen
- Terme und Gleichungen
- Häufigkeit und Wahrscheinlichkeit
- Sachbezogene Aufgaben

Vielfach wurden Zahlen- und Rechenrätsel in die Tests eingeflochten, um eine höhere Motivation zu schaffen. Aus den Tests lassen sich eindeutig Rückschlüsse auf mathematische Stärken und Schwächen der Schüler ziehen. Sie können dabei helfen, individuell gezielte Fördermaßnahmen einzuleiten und zu intensivieren.

Testinhalte Deutsch:

Textarbeit (Lesen/Literatur)
- Erkennen und Wiedergeben explizit angegebener Information
- Ziehen einfacher Schlussfolgerungen
- Interpretieren des Gelesenen
- Prüfen und Bewerten von Sprache, Inhalt und Textelementen

Formen/Funktionen
- Sprachbetrachtung mit grammatischem Bereich
- Sprachbetrachtung mit semantischem Bereich

Rechtschreiben
- Rechtschreibstrategien ermöglichen das selbständige Erschließen der Schreibweise von Wörtern
- Das bisher übliche Diktat soll so ersetzt werden.

€

Bildungsstandards Deutsch/Mathematik 5./6.

Nr. 644 47 Seiten **€ 12,90**

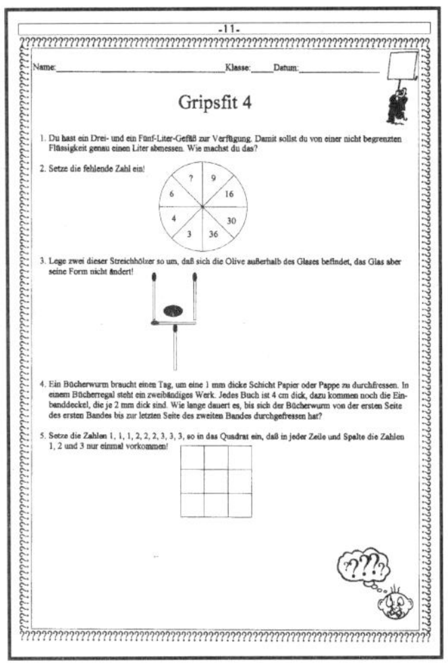

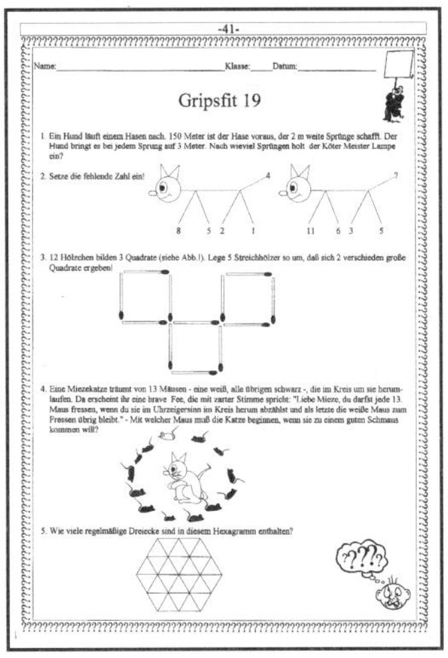

Den Unterrichtsalltag muss man Ihnen nicht schildern, den kennen Sie bestens. Überraschen Sie doch jetzt Ihre Klasse in der 7.- 10. Jahrgangsstufe mit **GRIPSFIT** Sie werden selbst überrascht sein, mit welchem Eifer Ihre Kinder sprachliche und mathematische Stoffe angehen.

Vielleicht werden Sie dabei sogar manche Schüler neu kennen lernen. Bringen Sie mit **GRIPSFIT** etwas Besonderes in Ihre Alltagsarbeit.

Dieses Heft enthält insgesamt 37 Aufgaben mit den dazugehörigen Lösunen.

Gripsfit 7-10

Nr. 873 78 Seiten **€ 16,90**

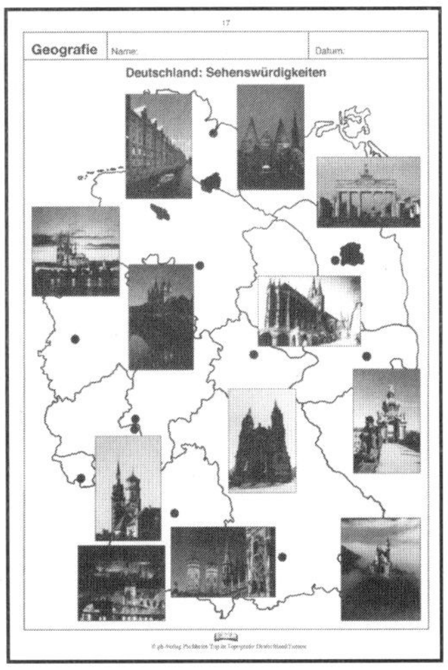

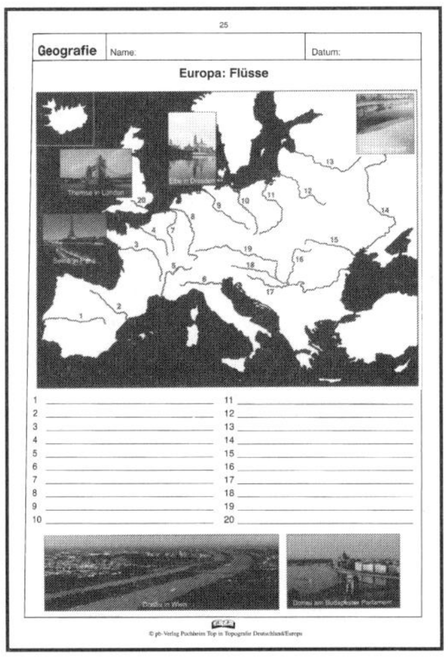

Deutschland
Karte Deutschland
Bilder Deutschland
Bundesländer mit Hauptstädten
Wichtige Städte
Flüsse und Seen
Gebirge
Industriezentren
Sehenswürdigkeiten

Europa
Karte Europa
Bilder Europa
Länder
Großräume und Meere
Flüsse
Gebirge und Inseln
Wichtige Städte
Sehenswürdigkeiten
Schweiz/Österreich
Frankreich
Skandinavien
Großbritannien
Spanien
Italien

Quiz
Was weißt du noch? (1)
Was weißt du noch? (2)

Top in Topographie Bd. I

Nr. 642 48 Seiten **€ 12,90**

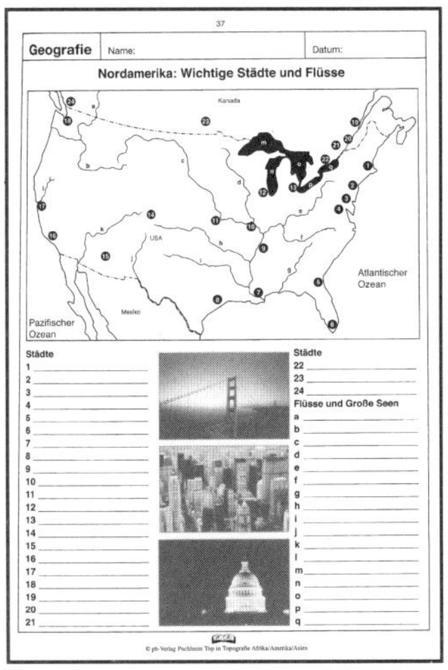

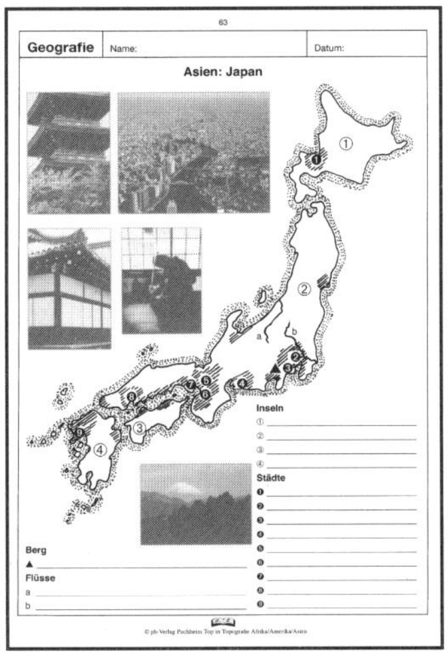

Afrika
Karte Afrika
Länder
Hauptstädte
Flüsse und Seen
Gebirge und Wüsten
Klimazonen
Oberflächengliederung
Vegetationszonen
Agypten
Kenia

Amerika
Karte Nordamerika
Karte Südamerika
Länder
Hauptstädte
Flüsse, Seen, Gebirge und Berge
Großlandschaften
Wichtige Städte und Flüsse
USA: Bundesstaaten
USA: Wichtige Industrieregionen
Brasilien

Asien
Karte Asien
Großräume
Länder
Wichtige Städte
Flüsse, Seen und Meere
Gebirge
Vegetationszonen
Indien
China
Japan

Quiz
Was weißt du noch?

Top in Topographie Bd. II

Nr. 656 66 Seiten **€ 14,90**

Stand der Preise 2009 - Bitte beachten Sie unsere aktuelle Preisliste!